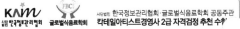 사단법인 한국정보관리협회·글로벌식음료학회 공동주관
칵테일아티스트경영사 2급 자격검정 추천 수험서

Cocktail Artist

칵테일아티스트경영사의 이해

최병호 · 이은주 · 김정훈 · 신은주 공저

 백산출판사

　21세기 글로벌 시대의 산업구조는 지식, 기술, 정보에 대한 경쟁력이 강력히 요구되고 있다. 따라서 무엇보다 적합한 전문 인력의 양성이 절실해졌다.

　이에 본서는 산업현장에서 오랜 기간 근무하면서 현장에서 요구되는 실무를 토대로 강단에서 다년간 가르치면서 연구를 통해 얻은 학문적 이론을 기초로 하여 출간하게 되었다. 본서는 다양한 음료분야에 대해 꼭 필요한 내용들을 요약 정리하였으며, 예상문제와 기출문제 등을 수록하여 음료자격증 전문 수험서로써 이 분야를 공부하는 분들에게 도움을 주고자 하였다.

　본서가 음료에 관한 다양한 자격증을 필요로 하는 많은 분들에게 꼭 필요한 수험서가 되기를 간절히 바라는 바이다. 글로벌식음료산업연구소 연구위원들은 커피바리스타경영사, 와인소믈리에경영사, 칵테일아티스트경영사, 사케소믈리에경영사 등의 자격증에 대하여 꾸준히 연구하여 더 좋은 교재를 발간할 수 있도록 노력할 것을 약속드리며 본서가 각종 음료자격증 취득에 소중한 밑거름이 되기를 간절히 바라는 바이다.

글로벌식음료산업연구소 연구위원 일동

목차

Part 1

음료학 개론

제1장 · 음료론

칵테일
아티스트
경영사의
이해

1. 음료의 역사

인류 최초의 음료는 물로써, 옛날 사람들은 아마 이런 순수한 물을 마시고 그들의 갈증을 달래고 만족하였을 것이다. 그러나 세계 문명의 발상지인 유명한 티그리스(Tigris)강과 유프라테스(Euphrates)강의 풍부한 수역에서도 강물이 더러워 유역 일대의 주민들이 전염병의 위기에 처해 있을 때, 강물을 독자적인 방법으로 가공하는 방법을 배워 안전하게 마셨다고 전해지듯이 인간은 오염으로 인해 순수한 물을 마실 수 없게 되자 색다른 음료를 연구할 수밖에 없었다.

음료의 역사는 약 1만 년 전 봉밀을 채취하는 동굴벽화로부터 BC 6000년경 바빌로니아에서 레몬과즙을 마셨다는 기록과 우연하게 밀 빵이 물에 젖어 발효되어 얻게 된 지금의 맥주와 과실이 익어 자연히 발효된 과실주 등 다양한 추축과 역사적 근거가 토대를 이루고 있다.

인류가 최초의 술은 과실주인 포도주가 시초라 추축되고 있다. 기원전 4천년 청동기 시대의 분묘에서 포도의 씨가 발견되었고, 이집트의 피라미드벽화에 포도주를 만드는 모습이 발견되었기 때문이다. 맥주는 기원전 3천년경에 바빌로니아 지방에서 출토된 토제분판 고대 이집트 지방의 벽화를 통해 알 수 있다.

현대인들이 즐겨 마시는 커피는 AD 600년경 에티오피아에서 염소 치는 목동 칼디에 의해 발견되었으며, 천연광천수를 마시는데서 비롯해 탄산가스를 발견한 것은 18C경 영국의 화학자 조셉 프리스트리(Joseph Pristry)에 의해 발견되었다.

2. 음료의 정의

우리 인간의 신체 구성 요건 가운데 약 70%가 물이라고 한다. 모든 생물이 물로부터 발생하였으며 또한 인간의 생명과 밀접한 관계를 가지고 있는 것이 물, 즉 음료라는 것을 생각할 때 음료가 우리 일상생활에 얼마나 중요한 것인가를 알 수 있다. 그러나 현대인들은 여러 가지 공해로 인하여 순수한 물을 마실 수 없게 되었고 따라서 현대 문명 혜택의 산물로 여러 가지 음료가 등장하게 되어 그 종류가 다양해 졌으며 각자 나름대로의 기호음료를 찾게 되었다.

음료(Beverage)라고 하면 우리 한국인들은 주로 비알코올성 음료만을 뜻하는 것으로 알코올성 음료는 「술」이라고 구분해서 생각하는 것이 일반적이라 할 수 있다. 또한 와인(Wine)이라고 하는 것은 포도주라는 뜻으로 많이 쓰이나 넓은 의미로는 술을 총칭하고 좁은 의미로는 발효주(특히 과일)를 뜻한다.

일반적으로 술을 총칭하는 말로는 리큐어(Liquor)가 있으나 이는 주로 증류주(Distilled Liquor)를 표현하며 Hard Liquor(독한 술, 증류주) 또는 Spirits라고도 쓴다.

3. 음료의 분류

음료란 크게 알코올성 음료(Alcoholic Beverage=Hard Drink)와 비알코올성 음료(Non-Alcoholic Beverage=Soft Drink)로 구분되는데 알코올성 음료는 일반적으로 술을 의미하고 비알코올성 음료는 청량음료, 영양음료, 기호음료로 나눈다.

음료를 종류별로 분류해 보면 다음과 같다.

음료의 분류

음료 Beverage	알코올성음료 (주류) Alcoholic Beverage	양조주 (Fermented Liquor)	맥주(Beer)
			포도주(Wine)
			과실주(Fruit Wine)
			곡주(Grain Wine)
		증류주 (Distilled Liquor)	위스키 (Whisky)	스카치 위스키(Scotch Whisky) 아이리쉬 위스키(Irish Whisky) 캐나디안 위스키(Canadian Whisky) 아메리칸 위스키(American Whisky)
			보드카(Vodka)
			진(Gin)
			브랜디(Brandy)
			럼(Rum)
			데킬라(Tequila)
			아쿠아비트(Aquavit)

음료 Beverage	알코올성음료 (주류) Alcoholic Beverage	혼성주 (Compounded Liquor)	과실류(Fruis)
			종자류(Beans and Kernels)
			약초,함초류(Herbs and Spices)
			크림류(Creme)
		청량음료 (Soft Drink)	탄산성음료 비탄산성음료
		영양음료 (Nutritious Beverage)	주스류(Juice)
			우유류(Milk)
		기호음료 (Fancy Beverage)	커피(Coffee) 차(Tea) 코코아(Cocoa)

4. 알코올 농도 계산법

알코올(Alcohol) 농도라 함은 온도 15℃일 때의 원 용량 100分중에 함유하는 에틸알코올(Ethyl Alcohol)의 용량(Alcohol Percentage by Volume)을 말한다. 이러한 알코올 농도를 표시하는 방법은 각 나라마다 그 방법을 달리하고 있다.

1) 영국의 도수 표시 방법

영국식 도수 표시는 사이크(Syke)가 고안한 알코올 비중계에 의한 사이크 프루프(Syke's Proof)로 표시한다. 그러나 그 방법이 다른 나라에 비해 대단히 복잡하다. 그러므로 최근에는 수출 품목 상표에 영국식 도수를 표시하지 않고 미국식 프루프(Proof)를 사용하고 있다.

예) 80 Proof = U.P 29.9

2) 미국의 도수 표시 방법

미국의 술은 강도표시(强度表示)를 프루프(Proof) 단위를 사용하고 있다. 60℉(15.6℃)에 있어서의 물을 0으로 하고 순수 에틸알코올(Ethyl alcohol)을 200 Proof로 하고 있다. 주정 도를 2배로 한 숫자로 100Proof는 주정도 50%라는 의미이다.

예) 86 Proof = 43°

3) 독일의 도수 표시 방법

독일은 중량비율(Percent by Weight)을 사용한다. 100g의 액체 중 몇 g의 순 에틸알코올(Ethyl Alcohol)이 함유되어 있는가를 표시한다. 술 100g중 에틸알코올이 40g 들어 있으면 40%의 술이라고 표시한다.

예) 40°= 33.5% Alc/Weight

4) 우리나라의 도수 표시 방법

스피리트가 완전히 에틸알코올일 때를 100으로 해서 이것을 100등분으로 표시한 것이다. 이는 % 또는 °와 같은 표기이다.

이와 같이 나라별로 약간씩 다른 방법이 있으나 현재 일반적으로 전 세계의 술에 표시되고 있는 알코올 농도는 Proof와 France의 게이 류사크(Gay Lussac)가 고안한 용량 분율(Percent by volume)을 사용하고 있다.

예) 86 Proof = 43% Vol(혹은 43% Alc/Vol)

기출문제

01. 양조주가 아닌 술은?

㉮ 소주   ㉯ 적포도주

㉰ 맥주   ㉱ 청주

02. 다음 중 양조주에 속하는 것은?

㉮ augier   ㉯ canadian club

㉰ martell   ㉱ chablis

03. 우리나라 주세법에 의한 술은 알코올분 몇 도 이상인가?

㉮ 1도   ㉯ 3도

㉰ 5도   ㉱ 10도

04. 술을 제조방법에 따라 분류한 것으로 옳은 것은?

㉮ 발효주, 증류주, 추출주

㉯ 양조주, 증류주, 혼성주

㉰ 발효주, 칵테일, 에센스주

㉱ 양조주, 칵테일, 여과주

05. 양조주에 대한 설명으로 옳지 않은 것은?

㉮ 당질 원료 또는 당분 질 원료에 효모를 첨가하여 발효시켜 만든 술이다.

㉯ 발효주에 열을 가하여 증류하여 만든다.

㉰ Amaretto, Drambuie, Cointreau 등은 양조주에 속한다.

㉱ 증류주 등에 초근, 목피, 향료, 과즙, 당분을 첨가하여 만든 술이다.

06. 다음 중 병행복발효주는?

㉮ 와인   ㉯ 맥주

㉰ 사과주   ㉱ 청주

07. fermented liquor에 속하는 술은?

㉮ Chartreuse   ㉯ Gin

㉰ Campari   ㉱ Wine

08. 알코올분의 도수의 정의는?

㉮ 섭씨 4도에서 원용량 100분 중에 포함되어 있는 알코올분의 용량

㉯ 섭씨 15도에서 원용량 100분 중에 포함되어 있는 알코올분의 용량

㉰ 섭씨 4도에서 원용량 100분 중에 포함되어 있는 알코올분의 질량

㉱ 섭씨 20도에서 원용량 100분 중에 포함되어 있는 알코올분의 질량

09. 음료의 분류상 나머지 셋과 다른 하나는?

㉮ 맥주　　　　㉯ 브랜디

㉰ 청주　　　　㉱ 막걸리

10. 다음 중 소프트 드링크(Soft drink)에 해당하는 것은?

㉮ 콜라　　　　㉯ 위스키

㉰ 와인　　　　㉱ 맥주

11. 주세법상 알코올분의 정의는?

㉮ 원 용량에 포함되어 있는 에틸알콜(섭씨 15도에서 0.7947의 비중을 가진 것)

㉯ 원 용량에 포함되어 있는 에틸알콜(섭씨 15도에서 1의 비중을 가진 것)

㉰ 원 용량에 포함되어 있는 메틸알콜(섭씨 15도에서 0.7947의 비중을 가진 것)

㉱ 원 용량에 포함되어 있는 메틸알콜(섭씨 15도에서 1의 비중을 가진 것)

12. 다음 중 증류주는?

㉮ bourbon　　　㉯ champagne

㉰ beer　　　　㉱ wine

13. 주세법상 주류에 대한 설명으로 괄호 안에 알맞게 연결된 것은 ?

> 알코올분 (①)도 이상의 음료를 말한다. 단, 약사법에 따른 의약품으로서 알코올분이 (②)도 미만인 것을 제외한다.

㉮ ①-1%, ②-6%

㉯ ①-2%, ②-4%

㉰ ①-1%, ②-3%

㉱ ①-2%, ②-5%

14. 다음 중 1 oz 당 칼로리가 가장 높은 것은?

㉮ Red Wine　　　㉯ Champagne

㉰ Liqueurs　　　㉱ White Wine

15. 음료류와 주류에 대한 설명으로 틀린 것은?

㉮ 맥주에서는 메탄올이 전혀 검출되어서는 안 된다.

㉯ 탄산음료는 탄산가스압이 $0.5kg/cm^3$인 것을 말한다.

㉰ 탁주는 전분질 원료와 굴을 주원료로 하여 술덧을 혼탁하게 제성한 것을 말한다.

㉱ 과일, 채소류 음료에는 보존료로 안식향산을 사용할 수 있다.

16. 증류주를 설명한 것 중 알맞은 것은?

㉮ 과실이나 곡류 등을 발효시킨 후 열을 가하여 분리하는 것을 말한다.

㉯ 과실의 향료를 혼합하여 향미와 감미를 첨가한 것을 말한다.

㉰ 주로 맥주, 와인, 양주 등을 말한다.

㉱ 탄산성 음료를 증류주라고 한다.

17. 다음 중 주류에 해당되지 않는 것은?

㉮ 2~3도의 알코올이 함유된 주스

㉯ 위스키가 함유된 초콜릿

㉠ 알코올이 6도 이상 함유되고 직접 또는 희석하여 마실 수 있는 의약품

㉣ 조미식품인 간장에 알코올이 1도 이상 함유된 경우

18. 주류에 따른 일반적인 주정도수의 연결이 틀린 것은?

㉮ 맥주 : 4~11% alcohol by volume

㉯ Vermouth : 44~45% alcohol by volume

㉰ Fortified Wines : 18~21% alcohol by volume

㉱ Brandy : 40% alcohol by volume

19. 우리나라 주세법에 의한 정의 및 규격이 잘못 설명된 것은?

㉮ 알코올분의 도수 : 15℃에서 원용량 100분 중에 포함되어 있는 알코올분의 용량

㉯ 불휘발분의 도수 : 15℃에서 원용량 100cm³ 중에 포함되어 있는 불휘발분의 그램 수

㉰ 밑술 : 전분질에 곰팡이를 번식시킨 것

㉱ 주조연도 : 매년 1월 1일부터 12월 31일가지의 기간

20. 주류의 주정도수가 높은 것부터 낮은 순서대로 나열된 것으로 옳은 것은?

㉮ Vermouth 〉 Brandy 〉 Fortified Wine 〉 Kahlua

㉯ Fortified Wine 〉 Vermouth 〉 Brandy 〉 Beer

㉰ Fortified Wine 〉 Brandy 〉 Beer 〉 Kahlua

㉱ Brandy 〉 Galliano 〉 Fortified Wine 〉 Beer

21. 알코올 농도에 관한 설명으로 옳은 것은?

㉮ 용량 퍼센트는 25도에서 요량 100중에 함유하는 순수 에틸알코올의 비율을 말한다.

㉯ 미국의 알코올 농도표시법은 중량퍼센트이다.

㉰ 25도 소주는 소주 1L중에 알코올이 25㎖ 함유되어 있다는 의미이다.

㉱ proof는 주정 도를 2배로 한 수치와 같다.

22. 식품 등의 표시기준에 의한 알코올 1 g 당 열량은?

㉮ 1kcal   ㉯ 4kcal

㉰ 5kcal   ㉱ 7kcal

정답

1	2	3	4	5	6	7	8	9	10
㉮	㉱	㉮	㉯	㉰	㉱	㉱	㉯	㉯	㉮
11	12	13	14	15	16	17	18	19	20
㉮	㉮	㉮	㉰	㉮	㉮	㉯	㉯	㉰	㉱
21	22								
㉱	㉯								

Part 2

주류학 개론

칵테일
아티스트
경영사의
이해

양조주는 술의 역사로 보아 가장 오래 전부터 인간이 마셔온 술로써, 곡류(穀類)와 과실(果實)등 당분이 함유된 원료를 효모균(酵母菌)에 의하여 발효시켜 얻어지는 주정 (酒精), 즉 포도주(Wine)와 사과주(Cider)가 있고, 또 하나는 전분(澱粉)을 원료로 하여 그 전분을 당화 시켜 다시 발효 공정을 거쳐 얻어내는 것으로써 맥주(麥酒)와 청주 (淸酒)가 있다. 양조주는 보편적으로 알코올 함유량이 20도를 넘기지 않아 도수가 낮기 때문에 변질되기 쉬운 단점이 있다.

I 맥주(Beer)

1. 맥주의 역사

맥주의 역사는 인류의 역사와 같이 동행하였다 해도 과언은 아닐 것이다.

고고학자들의 연구에 의하면 BC 4000~BC 5000년 전부터 맥주에 관한 유적이 나타나고 있다. 맥주의 기원은 인류가 정착하여 농사를 짓기 시작한 농경시대부터 시작되었다. 기원전 6000년경 메소포타미아문명(Mesopotamia Civilization)고대 수메르(Sumer)인에 의해 맥주가 최초로 대맥을 사용해 만들어졌다는 것이 정설이라 하겠다. 기원전 4200년경에 고대 수메르인들이 빵 조각을 물에 담궈 빵의 이스트(Yeast)로 발효시킨 맥주를 마셨다 한다. 파리 루브르박물관에 소장되어 있는 '모뉴멘트블루(Monument Blue)'에 보리로 맥주를 만드는 그림을 통해 알 수 있다.

1866년 프랑스의 세균학자 루이파스퇴르(Louis Pasteur)에 의해 저온살균법이 고안되어 맥주의 장기보관이 가능해 졌다. 그 후 덴마크의 아우메우에르 한센(Armauer Gerhard Henrik Hansen)이 파스퇴르의 이론을 응용하여 효모의 순수배양법을 발명하여 번식에 성공하고 1873년 독일의 카를 폰 린데(Carl Paul Gottfried von Linde)에 의해 암모니아 냉각기가 발명되어 냉장기술이 진보되어 오늘날의 우량 맥주의 대량생산을 가능케 한 것이다.

주세법상의 맥주

(1) 엿기름(밀 엿기름을 포함한다. 이하 같다). 홉(홉 성분을 추출한 것을 포함한다. 이하 같다) 및 물을 원료로 하여 발효시켜 제성하거나 여과 · 제성한 것.

(2) 엿기름과 홉, 쌀 · 보리 · 옥수수 · 수수 · 감자 · 전분 · 당분 또는 캐러멜 중 하나 이상의 것과 물을 원료로 하여 발효시켜 제성하거나 여과 · 제성한 것.

(3) (1) 또는 (2)의 규정에 의한 주류의 발효 · 제성과정에 대통령령이 정하는 주류 또는 물료를 혼합하거나 첨가하여 인공적으로 탄산가스가 포함되도록 하여 제성한 것으로서 대통령령이 정하는 알코올분의 도수범위 안의 것.

---

1) 맥주의 어원

맥주의 어원은 라틴어의 '마시다'라고 하는 '비베레(Bibere)'와 게르만족의 언어 중 '곡물'을 뜻하는 '베오레(Bior)'에서 유래되었다.

2. 맥주의 원료 및 분류

1) 맥주의 원료

맥주의 원료로는 보리(Barley), 호프(Hop), 물(Water), 효모(Yeast), 기타(쌀, 옥수수, 기타 잡곡) 등이 사용이 된다.

(1) 보리(Barley)

맥주의 주원료는 보리를 발아된 맥아이다. 맥아는 이삭의 형태에 따라 구별되며 그중 맥주양조에 사용되는 맥아는 두줄보리(2조 대맥)와 여섯 줄보리(6조 대맥)을 사용하고 있으나, 주로 입자가 크고 곡피가 얇은 두줄보리를 사용하고 있다.

맥주용 보리의 조건

① 껍질이 얇고 알맹이가 균일한 크기로 담황색을 띠고 있는 것.
② 95%이상의 발아율이 있는 것.
③ 전분(澱粉)함유량이 많은 것.
④ 단백질이 적은 것.

(2) 호프(Hop)

호프는(Hop)는 뽕나무과에 속하는 다년생넝쿨식물로 수꽃과 암꽃 다른 나무에 피는 자웅이주(雌雄移住)인데 맥주에 사용되는 것은 암꽃의 수정되지 않은 것은 사용한다. 암꽃의 루플린(Lupulin)이라는 하는 호프수지는 맥주의 특유의 쓴맛과 향을 부여하며, 혼탁을 방지하고 맥주의 지속적인 거품을 유지할 수 있게 해주며, 보존성을 높여주는 중요한 재료이다.

호프(Hop)

(3) 물(Water)

양조용수는 맥주의 맛과 품질에 중요한 역할을 하며, 보통 맥주 생산량의 10~20배가 필요하다. 양조용수는 맥주 종류에 따라 다르며 무색, 무미, 무취로 잡균 등 오염이 없고 무기성분도 적당량 함유되어야 한다.

(4) 효모(Yeast)

맥주에 사용되는 효모는 맥즙속에 당분을 분해하고 알코올 탄산가스를 만드는 역할을 한다. 맥주효모는 순수 배양된 효모를 사용하며 대개의 맥주는 단일 효모를 배양하여 사용하지만 두가지정도의 효모를 혼합하여 사용하는 경우도 있다.

(5) 기타(전분 보충원료)

맥주양조의 경우 맥아 전분을 보충하거나 품질을 안정화시키기 위해 기타 곡류(쌀, 옥수수, 기타 잡곡)를 사용한다.

2) 맥주의 분류

(1) 발효방식에 의한 분류

효모발효법에 따른 분류로써, 상면발효맥주와 하면발효맥주로 나눌 수 있다.

상면발효맥주	고온에서 발효시키고 숙성기간이 짧으며 풍부한 향과 쓴맛이 강한 것이 특징이다. 발효온도는 보통 15~20℃이며 4~5일정도 주발효를 끝낸다. 알코올도수는 8~11%정도 되며 대표적인 맥주로는 에일(Ale), 포터(Porter), 스타우트(Stout) 등이 있다.
하면발효맥주	저온으로 발효시킨 맥주로 숙성기간이 길고, 부드러우며 알코올도수가 낮은 것이 특징이다. 발효온도는 6~8℃로 저온이며 주발효는 10~12일 정도로 끝난다. 전 세계적으로 하면발효 맥주가 대부분 차지한다. 대표적인 맥주로는 필스너(Pilsener), 뮌헨(Munchen), 도르트문트(Dortmunt), 보크(Bock)등이 있다.
자연발효맥주	야생효모, 젖산균등의 균을 사용하여 자연발생적으로 발효시킨 맥주로 벨기에의 람빅(Lambic)맥주가 대표적이다.

(2) 열처리에 의한 분류

생맥주 (Draft Beer)	살균처리 하지 않은 맥주로 고유의 맛과 향이 우수하다. 장기보관이 어려운 문제점과 지속적인 효모활동에 의해 맥주가 변질되기 때문에 유통기간이 짧다.
병, 캔맥주 (Lager Beer)	병맥주, 캔맥주를 말하며 장기보관을 위해 저온살균과정을 거쳐 병입된 것으로 효모활동을 중지시킨 맥주를 말한다.

(3) 양조법에 의한 분류

드라이맥주 (Dry beer)	단맛이 적고, 담백한 맛을 내는 맥주로 일반맥주와 달리 당분을 분해하는 능력이 강한 효모를 사용해 맥주에 남아 있는 당을 최소화한 맥주이다.
디허스크 맥주 (Dehusk beer)	맥아껍질에 있는 타닌 등 쓴맛의 원인이 되는 물질을 제거하여 깨끗한 맛이 특징이다.
아이스 맥주 (Ice beer)	숙성단계에서 맥주를 영하 3~5도의 낮은 온도의 탱크에서 3일 정도 더 숙성시켜 맥주의 타닌과 프로테인 성분 등 맥주의 맛을 거칠게 하는 성분을 걷어내는 양조방식을 사용한다.

(4) 색에 의한 분류

담색 맥주	옅은 황금색을 띠는 맥아를 사용하여 양조한 맥주로 지금의 대부분의 맥주는 담색맥주이다.
중간색 맥주	오스트리아의 빈에서 유래되었으며, 색과 향미가 필젠타입의 중간정도이다.
농색 맥주	흑갈색 맥아를 섞어 양조한 맥주로 담색맥주에 비해 색이 짙고 깊고 풍부한 맛을 가지고 있다.

(5) 알코올 함량에 의한 분류

라이트 맥주	알코올 농도가 4~5%인 일반맥주에 비해 알코올 도수가 낮다.
비알콜성 맥아음료	발효된 후 알코올을 제거하여 알코올이 1%미만의 맥주이다.

3. 맥주의 제조공정

1) 제조공정

① 맥아제조 → ② 제분 → ③ 담금 → ④ 맥즙여과 → ⑤ 끓임 → ⑥ 침전 → ⑦ 냉각 → ⑧ 발효→ ⑨ 숙성→ ⑩ 여과 → ⑪ 제품

(1) 맥아 제조

보리입자를 선별하고 수분을 흡수시켜 발아를 용이하게 한다.

가열, 건조하여 저장성이 있는 수분함량으로 전환시키고 뿌리와 잎을 제거한다.

(2) 제분

맥아를 제분하는 이유는 맥아와 물의 접촉을 용이하게 하여 효소분해를 돕기 위함이다. 분쇄의 크기가 적당하지 않으면 맥주의 색과 맛에 영향을 주므로 적당한 크기로 제분하여야 한다.

(3) 담금

분쇄된 맥아를 물과 섞어 녹말질을 당화시키는 과정으로 단백질을 분해하는 과정을 말한다.

(4) 맥즙여과

맥아와 물을 섞은 맥주의 기초재료이며 당화와 단백질 분해가 완료된 담금액은 맥아 찌꺼기와 단백질 응고물 등을 여과기를 통해 걸러낸다.

(5) 끓임

여과된 맥아즙에 호프를 첨가하고 90~120분 동안 끓인다. 호프를 초기에 넣으면 쓴맛이 강해지고 2~3차례 나누어 넣을 수도 있으며 한번이상의 호프 첨가 시 다른 종류의 홉을 첨가하는 경우도 있다.

(6) 침전

호프를 첨가한 맥아즙을 침전조로 옮겨 응고된 단백질과 기타 불순물을 제거하는 과정이다.

(7) 냉각

침전시킨 맥아즙은 열교환기를 통해 냉각한다. 냉각의 최종온도는 상면발효, 하면발효에 따라 다르다.

(8) 발효

전발효(1차발효, 주발효), 맥아즙에 효모를 첨가하여 알코올을 발효시켜 맥아즙의 모든 발효성 당을 발효시킨다.

(9) 숙성

전발효를 끝낸 후 맛의 숙성을 위해 저온에서 1~3개월간 숙성시키는 과정으로 후발효(2차발효)라고 한다.

(10) 여과

숙성이 끝난 맥주를 탄산가스를 방출하고 저온에서 여과한다. 이 과정을 통해 맥주의 혼탁의 원인인 콜로이드 물질을 제거하게 된다.

(11) 제품

여과된 맥주를 바로 통에 넣어 생맥주로 만들거나, 살균하여 장기보존이 가능한 병, 캔맥주를 만든다.

4. 세계의 유명 맥주

1) 독일-Lowenbrau(뢰벤브로이), Ulnion(울니온), Hansa(한사), dab(답), Astra(아스트라), Becks(벡스)

2) 덴마크-Carlsberg(칼스버그), Tuborg(투보그)

3) 네덜란드-Heineken(하이네캔)

4) 덴마크-Carlsberg(칼스버그)

5) 맥시코-Corona(코로나)

6) 영국-London Pride(런던 프라이드), Newcastle Brown Ale(뉴캐슬 브라운 에일), Old Peculier(올드 피큘리어)

7) 아일랜드-Guinness(기네스)

8) 미국-Budweiser(버드와이저), Miller(밀러)

9) 프랑스-Kronenbourg1664(크로넨버그1664)

10) 일본-Asahi(아사히), Sapporo(삿포로), Kirin(기린)

11) 중국-Tsingtao(칭타오)

5. 맥주 서비스

맥주의 온도는 기호에 다라 조금씩 달라지나 일반적으로 맥주의 독특한 맛이 살아나는 온도는 여름 4~8℃, 겨울에는 8~12℃ 정도로 마시는 것이 좋다. 맥주의 거품은 청량감을 주는 탄산가스가 새어나가는 것은 물론 맥주가 공기 중에서 산화되는 것을 막아주므로 맥주를 따를 때에는 2~3cm정도 거품이 덮이도록 제공해야 한다.

기출문제

01 에일(Ale)은 어느 종류에 속하는가?

㉮ 와인 ㉯ 럼

㉰ 리큐어 ㉱ 맥주

02 맥주 제조과정에서 비살균 상태로 저장되는 맥주는?

㉮ Black Beer ㉯ Draft Beer

㉰ Porter Beer ㉱ Lager Beer

03 맥주(Beer) 양조용 보리로 부적합한 것은?

㉮ 껍질이 얇고 담황색을 띠며 윤택이 있는 것

㉯ 알맹이가 고르고 95% 이상의 발아율이 있는 것

㉰ 수분 함량은 10% 내외로 잘 건조된 것

㉱ 단백질이 많은 것

04 맥주의 저장 시 숙성기간 동안 단백질은 무엇과 결합하여 침전하는가?

㉮ 맥아 ㉯ 세균

㉰ 탄닌 ㉱ 효모

05 맥주의 원료 중 홉(hop)의 역할이 아닌 것은?

㉮ 맥주 특유의 상큼한 쓴맛과 향을 낸다.

㉯ 알코올의 농도를 증가시킨다.

㉰ 맥아즙의 단백질을 제거한다.

㉱ 잡균을 제거하여 보존성을 증가시킨다.

06 Hop에 대한 설명 중 틀린 것은?

㉮ 자웅이주의 숙은 식물로서 수정이 안 된 암꽃을 사용한다.

㉯ 맥주의 쓴맛과 향을 부여한다.

㉰ 거품의 지속성과 항균성을 부여한다.

㉱ 맥아즙 속의 당분을 분해하여 알코올과 탄산가스를 만드는 작용을 한다.

07 Heinkel은 어느 나라 맥주인가?

㉮ 스위스 ㉯ 네덜란드

㉰ 벨기에 ㉱ 덴마크

08 맥주의 종류가 아닌 것은?

㉮ Ale ㉯ Porter

㉰ Hock ㉱ Bock

09 맥주를 5~10℃에서 보관할 때 가장 상하기 쉬운 맥주는?

㉮ 캔맥주　　　　㉯ 살균된 맥주

㉰ 병맥주　　　　㉱ 생맥주

10 맥주 제조에 필요한 중요한 원료가 아닌 것은?

㉮ 맥아　　　　㉯ 포도당

㉰ 물　　　　㉱ 효모

11 Draft(of Draught) beer란?

㉮ 미살균 생맥주

㉯ 살균 생맥주

㉰ 살균 병맥주

㉱ 장기 저장 가능 맥주

12 일반적으로 국내 병맥주의 유통기한은 얼마 동안인가?

㉮ 6개월　　　　㉯ 9개월

㉰ 12개월　　　　㉱ 18개월

정답

1	2	3	4	5	6	7	8	9	10
㉱	㉯	㉱	㉰	㉯	㉱	㉯	㉰	㉱	㉯
11	12								
㉮	㉰								

II · 와인

1. 와인의 역사

와인은 인류가 야산에 있는 포도를 따서 보관하여 오던 중, 그것이 자연히 발효된 상태가 되어 이것을 마시게 됨으로서 시작된 것으로 추측된다. 고고학자들의 주장에 의하면 와인은 약 1만 년 전부터 만들어졌다고 하며, 신구약성서에 의하면 노아(Noah)가 포도를 재배하고 와인을 만든 최초의 사람으로 되어 있다. 기원전 3000년경에는 이집트와 페니키아에서 재배되었으며, 기원전 1700년경에는 바빌로니아의 함무라비 법전에 포도주를 만드는 데 관한 규정이 성문화되어 있다 기원전 1300년경에는 이집트 왕의 분묘 벽면에 와인 만드는 것이 그려져 있는 것을 보아 그 당시에 와인 양조의 역사를 짐작할 수가 있다.

근대에 와서는 미국의 캘리포니아와 오스트레일리아에서도 천혜의 기후와 토질을 이용하여 양질의 와인을 생산하고 있으며, 우리나라도 마주앙 등의 와인을 생산하고 있는데 세계와인과 비교해 보면 중급정도의 수준이다.

2. 와인의 제조과정

와인을 만드는 첫 번째 단계는 포도나무의 재배에서 시작된다. 포도나무는 심고 나서 5년이 지나야 상업용으로 쓰일 수 있는 포도가 생산되기 시작하여 85년 정도 계속해서 포도를 수확할 수 있다. 포도나무의 평균 수명은 30~35년 정도이며 150년 이상 되는 것도 있기도 하다. 또한 좋은 와인을 만들기 위해서는 완전한 숙성을 줄 수 있는 좋은 포도품종을 선택해야 하는 것은 기본이다.

다음은 와인의 종류에 따른 제조과정을 도표로 나타낸 것이다.

레드 와인	화이트 와인	로제 와인
수확	수확	수확
파쇄	파쇄 & 압착	파쇄
발효	발효 & 앙금제거	발효 중 껍질 제거
압착	–	압착
숙성	숙성	숙성
앙금제거	–	앙금제거
여과	여과	저장
병입	병입	병입
병숙성	병숙성	병숙성
출하	출하	출하

3. 와인의 분류

1) 탄산가스 유무에 따른 분류

(1) 비발포성 와인(Still Wine)

와인이 발효되는 도중에 생긴 탄산가스가 완전히 발산된 와인을 숙성해서 병입한 와인이다.

(2) 발포성 와인(Sparkling Wine)

발포성 와인은 스틸 와인을 병입한 후 당분과 효모를 첨가하여 병내에서 2차 발효가 일어나 탄산가스를 갖게 되는 와인을 말한다.

2) 알코올 첨가 유무에 따른 분류

(1) 주정강화 와인(Fortified Wine)

주정강화 와인은 스틸 와인을 만드는 도중 또는 만든 후에 40도 이상의 브랜디를 첨가하여 알코올 도수를 높인 와인이다.

(2) 비 강화와인(Unfortified Wine)

증류주를 첨가하지 않고 순수한 포도만을 발효시켜 만든 와인이다.

(3) 가향 와인(Aromatized Wine)

혼성 와인이라고도 하며, 스틸 와인에 약초, 향초, 봉밀 등을 첨가해 풍미에 변화를 준 것으로 벌무스(Vermouth)와인이 대표적이다.

3) 색에 따른 분류

(1) 레드 와인(Red Wine)

레드 와인은 적포도를 으깨어 포도의 껍질까지 즙을 내어 발효시킨 것으로 붉은 색을 띠고 있으며, 껍질과 과육사이에 있는 엷은 층의 색소나 탄닌이 녹아들어 색조가 달라지고 떫은 맛과 같은 개성을 갖게 된다.

(2) 화이트 와인(White Wine)

화이트 와인은 청포도나 적포도를 사용하여 만든다. 그러나 적포도를 사용하여 만들 때에는 포도의 껍질을 벗기고 과즙만을 사용하므로 여분의 색소나 탄닌이 들어가지 않아 떫은맛이 없고, 담황색의 맑고 투명한 색이 우러난다.

(3) 로제 와인(Rose Wine)

레드와인과 같이 적포도의 껍질까지 함께 발효시키다 일정 기간이 지나면 껍질을 제거하므로 중간색을 띠게 된다.

4) 당분 함유에 따른 분류

(1) 드라이 와인(Dry Wine)

완전히 발효되어서 당분이 없는 와인으로, 단맛이 없어 식용촉진주에 적합한 와인이다.

(2) 스위트 와인(Sweet Wine)

완전히 발효되지 못하고 당분이 남아 있는 상태에서 발효를 정지시킨 것과 가당을 한 것이 있으며, 식후에 적합한 와인이다.

(3) 미디엄 드라이 와인(Medium Dry Wine)

스위트와 드라이 중간 타입의 것을 말한다.

5) 식사용도에 따른 분류

(1) 아페리티프 와인(Aperitif Wine)

식욕촉진을 위하여 전채요리(Appetizer)와 함께 마시거나 식전에 제공되는 와인이다.

(2) 테이블 와인(Table Wine)

식사 중에 요리를 먹으면서 마시는 것으로, 특히 주요리와 함께 마시는 와인을 말한다.

(3) 디저트 와인(Dessert Wine)

케이크와 같은 달콤한 디저트와 함께 제공되는 와인을 말한다.

4. 와인의 주요 포도 품종

포도는 식물학적으로 그 종(種)명이 'Vitis'이다. 세계에서 볼 수 있는 포도나무는 60종류가 넘지만 포도재배에 사용되는 것은 일부이며, 그 중 가장 중요한 품종은 유럽종인 비티스 비니페라Vitis Vinifera라로 유라시아의 주된 포도 종으로 와인 생산에 사용하는 대부분의 포도를 생산하며, 비티스 비니페라의 종류는 5,000~10,000에 달한다. 유럽종은 수천 년에 걸쳐 유럽지역에서 재배되고 있는데 맛과 향이 뛰어나고 품질 좋은 와인을 만들어 낸다.

1) 레드 와인 포도 품종

(1) 까베르네 쇼비뇽(Cabernet Sauvignon)

레드 와인의 대표품종인 까베르네 쇼비뇽은 프랑스 보르도와 미국 캘리포니아, 칠레를 비롯해 전 세계 와인 생산국에서 가장 많이 재배하는 적포도 품종이다. 타닌이 풍부하고 산도도 높고 탄탄하고 짜임새 있는 구조감을 가지고 있다. 다만 껍질이 두껍고 두꺼운 껍질 때문에 포도열매가 익기까지 시간이 걸리는 만생종으로 기후가 서늘한 곳에서는 충분히 익지 못하며, 반대로는 따뜻한 곳에서는 지나치게 익을 수 있다.

깊고 진한 색상과 풍부한 타닌을 주며, 블랙 커런트, 블랙 베리, 블랙 체리의 검은 과일향이 많이 나고, 피망, 올리브, 버섯 같은 식물성 향 및 오크숙성을 거치면 커피, 스모크 향도 나온다.

(2) 까베르네 프랑(Cabernet Franc)

주로 까베르네 쇼비뇽과 혼합되어 사용되는 품종이다. 이 품종은 까베르네 쇼비뇽보다 색과 타닌이 엷고 결과적으로 빨리 숙성이 된다. 이 포도로 만들어진 유명한 와인으로는 슈발 블랑(Cheval Blanc)이 있다.

(3) 삐노 누아(Pinot Noir)

삐노 누아는 작고 촘촘히 붙어 있는 솔방울 모양에서 '검은 솔방울'이란 뜻의 이름을 갖고 있다. 오래 전부터 재배되어 온 품종으로 재배가 다소 까다롭고, 훌륭한 포도를 만들어 주지만 선선한 기후를 선호하여 조심스럽게 재배해야 하는 포도이다. 예민한 만큼 감각적이고 향이 풍부하며 부드럽지만, 야생성을 가지고 있는 와인이며 삐노누아는 색소가 적기 때문에 색상은 연하고 투명한 루비 빛을 띤다.

프랑스 부르고뉴(Bourgogne/Burgundy) 지방의 대표적 포도품종이다. 딸기, 라즈베리, 체리 같은 붉은 과일과 제비꽃 향 송로버섯 등의 향이 부드럽게 조화된 우아한 향기와 맛을 갖는다. 로마네 꽁띠(Romanee-Conti), 샹베르땡(Chambertin) 등의 특급 와인들이 삐노누아로 생산된 와인이다.

(4) 메를로(Merlot)

메를로는 까베르네 쇼비뇽과는 비교가 되는 품종으로, 포도알이 크고 껍질이 얇은 조생종으로, 적당한 타닌과 향과 풍미가 덜하고 산도도 상대적으로 낮은 편이다.

까베르네 쇼비뇽과 비슷한 성격을 가지나, 부드럽고 유연하여 까베르네 쇼비뇽과 블렌딩하여 까베르네 쇼비뇽의 보조품종으로 훌륭한 역할을 하고 있다. 메를로는 까베르네 쇼비뇽으로 만든 와인에 비해 맛이 더 풍성하고 부드러우며 포도 과즙에 가까운 느낌을 준다. 메를로는 프랑스 보르도 지방에서 주로 사용되며, 특히 생떼밀리옹(Saint-Émilion)과 뽀므롤(Pomerol) 지역의 대표적 포도품종이다. 이외에도 칠레, 남아프리카, 캘리포니아 등에서 많이 재배된다.

(5) 갸메(Gamay)

부르고뉴 지역 남쪽에 위치한 보졸레(Beaujolais)지방의 대표적 포도 품종이다. 보졸레 노보와 보졸레 빌라쥐에 들어가는 포도다. 색이 아주 연하고 핑크색에 가까우며 시큼한 맛이 강한 것이 특징이다.

(6) 진판델(Zinfandel)

미국 샌프란시스코 위쪽에 위치한 유명한 나파 밸리(Napa Valley) 지역의 대표적 포도이지만, 그 근원은 이태리로서 아주 특이한 품종이다.

(7) 시라(Syrah), 쉬라즈(Shiraz)

프랑스 론(Rhone)지역의 대표 품종으로 론 북쪽지방과 남부지방에서 많이 재배, 색이 짙고 탄닌성분이 많으며, 호주에서는 이 품종으로 '쉬라즈(Shiraz)'라는 와인을 생산한다.

(8) 산지오베제(Sangiovese)

이탈리아가 원산지이며, 끼안티와 부르넬로 디 몬탈치노에서 많이 재배 된다.

(9) 네비올로(Nebbiolo)

이탈리아 품종으로 피에몬테 백악질 토양에서 잘 자라며 이탈리아의 최고급 와인인 바롤로와 바르바레스코 와인을 생산하는 품종이다.

(10) 뗌프라니오(Tempranillo)

스페인에서 많이 재배되며 특히 리오하 지방에서 많이 재배 되는 품종이다.

2) 화이트 와인 포도 품종

(1) 샤르도네(Chardonnay)

프랑스의 가장 잘 알려진 화이트 와인용 포도 품종이다. 프랑스 부르고뉴 지방에서 화이트 와인을 만드는데 주로 사용하는 품종이며 '샹파뉴(Champagne)' 지방에서도 이 포도가 사용된다.

(2) 슈냉 블랑(Chenin Blanc)

프랑스 남부 루아르(Loire)지방에서 재배되는 품종으로 높은 산도(Acidity)가 특징인 포도이다. 프랑스 이외에는 남아프리카, 캘리포니아, 호주 그리고 뉴질랜드에서 재배되고 있다.

(3) 리슬링(Riesling)

독일 화이트 와인의 최상급 포도 품종으로 단맛과 신맛이 강한 포도이다. 이 포도는 기온이 낮은 기후에서 잘 자라서 독일과 프랑스의 알자스, 그리고 호주에서 재배되고 있다

(4) 실바너(Sylvaner)

예전에는 독일에서 가장 많이 재배되었던 포도였지만, 자생력이 더 강한 뮐러 트라가우 품종으로 대체되고 있다.

(5) 소비뇽 블랑(Sauvignon Blanc)

프랑스 보르도 지역에서 화이트 와인에 사용되는 대표적 포도 품종이다. 프랑스 루아르 지역과 뉴질랜드에서도 이 포도로 와인을 만들고 있다. 아주 드라이하며 향기가 독특하며 스모키한 냄새가 특징이다.

(6) 쎄미용(Semillon)

과일향기가 아주 독특하며 신맛이 강하지 않고 황금색에 가까운 아름다운 색을 갖는 와인이 되는 이 포도는 프랑스 메독 지역 남부의 쏘테른(Sauternes) 지방에서 주로 사용되는 아주 부드럽고 달콤한 맛의 품종이다.

(7) 게부르츠트러미너(Gewurztraminer)

이탈리아 북부가 원산지로 알려져 있으나 알자스에서 최상의 게부르츠트러미너 와인이 생산된다.

(8) 뮈스까데(Muscadet)

프랑스 뮈스까데 지방이 원산지이며, 루아르지방에서 드라이 와인을 만드는데 사용되고 캘리포니아에서도 재배된다.

(9) 삐노 블랑(Pinot Blanc)

샤르도네 품종과 혼동되는 품종이다. 알자스지방에서 재배되며 발포성 와인인 크레망을 만드는데 많이 이용된다.

(10) 위니 블랑(Ugni Blanc)

꼬냑 지방과 아르마냑 지방에서 주로 많이 재배 되며 브랜디를 만드는데 많이 사용된다.

5. 세계의 와인

1) 프랑스 와인

(1) 프랑스 와인 생산지 분류표

프랑스는 어느 곳이든 포도재배가 잘 되지만, 그 중에서도 이름 있는 곳은 보르도, 부르고뉴, 론, 알자스, 루아르, 샹파뉴 등 6개 지방이다.

(2) 프랑스 와인 등급

프랑스의 와인 등급은 도표에서 보는 것과 같이 4단계로 분류되며 피라미드의 가장 윗쪽인 AOC등급이 가장 우수한 품질의 와인이다.

① 뱅 드 따블(Les Vins de Table)

테이블 와인(VDT)이 포도주들은 원산지 표시를 전혀 할 수 없다. 흔히 상품명으로 판매되는 이 테이블 와인들은 일반적으로 늘 같은 품질을 유지하고 있다.

② 뱅 드 페이(Les Vins de Pay) : 산지 와인(VDP)

프랑스 대부분의 와인은 프랑스의 남쪽에서 생산되며 원산지, 포도품종, 빈티지등을 표기할 수 있다. 예를 들어, 랑그독 지방의 와인인 경우 뱅 드 페이 독(Vins de Pays d'Oc)라고 표기된다. 다른 국가의 포도를 혼합하여 양조할 수 없다.

③ 뱅 델리미테 드 꽐리테 슈뻬리어(Vin Delimite de Qualite Superieure)

뱅 드 페이와 AOC등급의 중간 단계로 이 단계부터 본격적인 규제가 시작된다.

④ 아뺄라시옹 도리진 꽁트롤레(Appellation d'Origine Controlee) : 원산지 통제 명
   칭 와인(AOC)

AOC라고 불리는 이 등급의 와인은 가장 까다로운 규칙을 적용한다. 즉 AOC 표기
를 하기 위해서는 다음과 같은 사항을 의무적으로 따라야 한다.

• AOC를 생산할 수 있도록 엄격히 지정된 떼루아를 지켜야 한다.
  (지방명, 면단위 마을명, 포도원명, 몇 헥타의 포도나무에서 생산된 포도주)
• 품종 선별로 반드시 그 와이너리에 알맞은 고급 품종들로만 구성된다.
• 재배 및 포도주 양조기술, 숙성 기술에 인간의 수작업을 거쳐야 한다.
• 수확량을 지켜야 하며, 최소 알코올 도수, 원산지 통제명칭 위원회의 관할 하에
  전문가들에 의해 엄격히 통제된다.

(3) 프랑스 와인산지

① 보르도 지방(Bordeaux)

프랑스 남서부 대서양의 연안에 위치한 보르도는 유명한 A.O.C 등급의 와인이 그
랑크뤼(Grand Crus)라는 분류로 한번 더 나뉘어져 있고, 프랑스 A.O.C 와인의 25%가
이곳에서 생산되고 있다.

메독(Medoc)

세계 최고의 레드와인의 명산지로서, 토양의 성질과 재배하는 포도품종의 조화가
가장 잘 된 곳으로 알려져 있다.

• 마고(Margaux)
• 쌩 줄리앙(Saint Julien)
• 뽀이약(Pauillac)
• 쌩떼스테프(Saint-Estephe)
• 몰리(Moulis)
• 리스트락(Listrac)

6개의 지역에서 나오며, 이들 와인은 A.O.C.에 이 지명이 표시 되어 있다.

대표적인 샤또

- 샤또 라피트 로칠드(Ch. Lafite-Rothschild),
- 샤또 라뚜르(Ch. Latour),
- 샤또 마고(Ch. Margaux),
- 샤또 무똥 로칠드(Ch. Mouton-Rothschild)

뽀므롤(Pomerol)

이 곳은 규모가 작고 생산량이 적지만, 희소가치로서 이름이 나 있기 때문에 유명 샤또의 와인은 구하기가 힘들 정도이며 특히 샤또 페투르스의 와인은 값이 비싼 것으로 유명하다. 와인의 맛도 부드럽고 온화하며 향 또한 신선하고 풍부한 것으로 유명하다.

쌩떼밀리옹(Saint-Emilion)

아름답고 고풍스러운 풍경이 유명한 곳으로, 경사진 백악질 토양과 자갈밭에서 온화하고 부드러운 와인을 만들며, 레드와인의 명산지로 알려져 있다. 유명와인으로는 샤또 슈발 블랑(Ch. Cheval Blanc), 샤또 피작(Ch. Figeac) 등이 유명다.

그라브(Grave)

자갈이란 뜻을 가진 그라브는 화이트, 레드 모두 명품으로 알려져 있으며, 메독의 와인보다 부드럽고 숙성된 맛을 풍기며, 부케 또한 풍부한 것이 특징이다. 가장 유명한 샤또인 샤또 오 브리옹(Ch. Haut Brion) 샤또 라미숑 오 브리옹(Ch. LaMission Haut Brion), 샤또 부스코(Ch. Bouscaut) 등도 유명하다.

소떼른(Sauternes)

세계적으로 유명한 스위트 화이트 와인을 생산하는 곳으로, 포도를 늦게까지 수확하지 않고 과숙시킨 후 곰팡이가 낀 다음에 수확하여 와인을 만들어 유명해진 곳이다. 유명한 와인으로는 샤또 뒤켐(Ch. d'Yquem)은 세계에서 가장 비싼 화이트와인이라고 할 수 있다.

② 부르고뉴(Bourgogne)

부르고뉴 지방은 보르도 지방과 함께 프랑스 와인을 대표하는 곳이며, 영어를 사용하는 나라에서는 버건디(Burgundy)라고 부른다.

샤블리(Chablis)

샤블리는 세계 최고의 화이트와인을 생산하는 곳으로 알려져 있다. 샤블리는 크게 4개의 A.O.C 등급으로 나눈다.

- 쁘띠 샤블리(Petit Chablis)
- 샤블리(Chablis)
- 샤블리 프리미어 크뤼(Chablis Premier Cru)
- 샤블리 그랑 크뤼(Chablis Grand Cru)

꼬뜨 도르(Cote d'Or)

언덕길을 따라 길게 뻗어있는 포도밭에서 세계적인 와인의 표본이라 할 수 있는 완벽한 품질의 와인을 생산하고 있으며, 생동력과 원숙함이 잘 조화를 이루고 있는 점이 특징이다.

이 곳은 북쪽의 꼬뜨 드 뉘(Cote de Nuit)와 남쪽의 꼬뜨 드 본(Cote de Beaune) 두 지역으로 나눌 수 있다.

보졸레(Beaujolais)

보졸레는 기존 레드와인과 전혀 다른 스타일로서 맛이 가볍고 신선한 레드와인으로써 빨리 만들어 빨리 소비하는 와인으로 유명한 곳이다.

꼬뜨 샬로네(Cote Chalonnaise)와 마꼬네(Maconnais)

최근 인기가 상승하고 있는 신선한 와인을 만들고 있는 지역이다. 가장 유명한 것으로는 샤르도네 한 품종을 100% 사용하여 생산하는 푸이-퓌세(pouilly-Fuisse)가 있다.

꼬뜨 드 론(Cote de Rhone)

이 곳은 프랑스 남쪽으로 이태리와 가깝기 때문에 와인 스타일도 이태리와 비슷하다. 론은 남부 지중해 연안으로 여름이 덥고 겨울이 춥지 않기 때문에 포도의 당분 함량이 높고 이것으로 만든 와인은 알코올 함량도 높아진다.

주요 생산지역은 샤또뇌프 뒤 빠프(Ch teauneuf-du-Pape) (옛날 교황이 한 동안 머물렀던 지역) 에르미타쥐(Hermitage), 꼬뜨 로티에(Cote Rotie), 타벨(Tavel) 등을 들 수 있다.

③ 알자스(Alsace)

알자스 지방은 우리에게 잘 알려진 친숙한 곳이다. 알퐁스 도데의 소설에서 그리고 세계지리를 배울 때 알자스 로렌스지역의 중요성으로도 꽤 친근한 지방이다.

거의 대부분 화이트 와인만 생산을 하며 포도품종은 독일에서 재배하는 것과 같은 리슬링, 실바너, 삐노 그리, 삐노 블랑, 게부르츠트러미너 등이다.

④ 루아르(Loire)

이 지방은 대서양 연안의 낭트에서 아름다운 루아르 강을 따라 긴 계곡으로 연결된 와인의 명산지이며, 세계적인 명사의 휴양지로도 유명한 곳입니다. 특히 루아르 와인은 긴 강을 따라 퍼져 있기 때문에 와인의 종류가 다양하다. 푸이 퓌메(Pouilly Fume)의 드라이 화이트, 굴과 조개등 해산물과 어울리는 무스까데(Muscadet), 썽쎄르(Sancerre) 그리고 앙쥬(Anjou)의 로제를 비롯해서 어느 곳 하나 유명하지 않은 곳이 없다.

⑤ 샹파뉴(Champagne)

아주 오랜 옛날부터 "샹파뉴(샴페인Champagne)"라 불리우는 지역에는 포도원이 존재하였다. 17세기말, 이 지역 사람들은 와인을 병입 한 후 이듬해 봄, 날씨가 더워지면 와인에 거품이 생긴다는 사실을 발견하게 되었다. 한 사원에서는 승려들이 이러한 발포 방법을 완성하는데 총력을 기울여서 마침내, 사원의 수도승이었던 돔 페리뇽(Dom Perignon)이 이 방법을 완성시킴으로써 샴페인, 샹파뉴가 탄생한 것이다.

샹파뉴 지방의 주요 포도품종은 삐노 누아, 삐노 뮈니에, 샤르도네가 재배된다. 비교적 온난한 기후도 특상품의 포도 생산에 큰 역할을 한다. 이 지역 연중 평균 기온은 10℃로, 포도의 성숙에 필요한 최저 온도인 9℃에 근사한 것이다. 그런데 바로 이 점이 이 지역 생산 포도의 독특한 맛을 결정하는 역할을 한다.

각국의 발포성와인

- 프랑스의 크레멍, 뱅 무스(Vin Mousseux)
- 독일의 젝트(Sekt)
- 스페인의 까바(Cava)
- 이탈리아의 스푸만떼(Spumante)
- 미국의 스파클링와인(Sparking Wine)

2) 이탈리아 와인

(1) 이태리 와인의 특징

이탈리아 와인의 특징은 로마시대부터 와인의 종주국임을 자처하는 이탈리아는 와인의 생산량, 소비량, 수출량에 이르기까지 세계 제일을 자랑하고 있다. 로마시대 이전부터 와인을 만들기 시작했으며, 로마 시대에는 유럽전역에 포도를 전파했다.

(2) 이탈리아 와인 등급

이탈리아는 1963년에 와인생산에 관련된 법률(D.O.C법 : 프랑스의 A.O.C와 같은 규정)을 제정했고 이후부터 현재까지 이태리는 와인의 전성기를 누리고 있다.

이탈리아의 등급분류에는 크게 세 가지 DOCG, DOC, VDT로 분류되며 다음과 같다.

① Vino da Tavola - VDT등급

일반 테이블 와인으로 저렴하여 일상적으로 소비하는 와인이다.

② IGP(Indicazione Geografica Protetta 인디카지오네 지오그라피카 프로떼타)

각 생산지에 허용된 품종이나 양조방식을 따르지 않고, 라벨에 생산자 이름, 병입 장소, 생산지역을 반드시 표시한다.

③ Denominazione di Origine Controllata 데노미나치오너 디 오리지네 콘트롤라타 - D.O.C

원산지 통제표시 와인 품질을 결정하는 위원회에 의하여 원산지, 수확량, 숙성기간, 생산방법, 포도품종, 알코올 함량 등을 규정하고 있다.

④ Denominazione di Origine Controllata e Garantita 데노미나치오너 디 오리지네 콘트롤라타 에 가란티타 - D.O.C.G

원산지 통제 표시 와인으로 정부에서 보증한 최상급 와인(특급와인)을 의미한다.

(3) 이탈리아 와인 생산지역

① 피에몬테(Piemonte)

피에몬테는 이탈리아에서 가장 훌륭한 레드 와인을 생산하는 지역이다. 피에몬테라는 말은 "알프스의 기슭"이라는 뜻으로 알프스의 빙하가 흘러 내려와 아름다운 계곡을 이룬다.

피에몬테 지방을 대표하는 포도품종은 알바(Alba)와 아스티의 바르베라(Barbera) 종으로 피에몬테 지방의 전체 포도밭 가운데 약 절반이 이 품종을 재배하고 있다.

ⓐ 바롤로(Barolo)

네비올로 품종으로 양조한다. 최소 알코올 함유량이 13도에서 최고 15도까지 이르는 와인으로 최소 2년간을 오크 통에서 숙성시키며 또 병 속에서 일정 기간 동안 숙성시킨다.

바롤로는 마을 이름으로 마을을 에워싸고 약 2,000에이커의 면적에 포도나무가 심어져 있다.

ⓑ 바르바레스코(Barbaresco)

바롤로와 동북쪽으로 이웃하고 있으며 네비올로 품종을 재배한다. 이 와인은 타나로 강으로부터 가을의 서리에 의해 영향을 받으며 바롤로와 유사한 와인이지만 전체적으로 볼 때 더 가볍고 섬세한 와인이다.

② **베네토(Veneto)**

세 번째로 유명한 레드 와인 생산 지역이다. 이 와인은 모젤 와인처럼 초록색 병에 들어 있는 엷은 색의 드라이 화이트 와인으로 생선 요리에 아주 잘 어울린다.

ⓐ 소아베(Soave)

소아베는 덜 숙성되었을 때 마시며 일반적으로 소아베 클라시꼬를 선택하는 것이 좋다. 소아베의 동쪽 감벨라라 지역에는 가르가네가 포도로 만들어지는 가르가네가 디 감벨라라(Garganega di Gambellara)가 있는데 드라이 화이트, 스위트, 스파클링 (수프만떼)이 생산된다. 비앙코(Bianco)라고 불리는 화이트 와인들은 85%가 토카이 (Tocai) 품종으로 만들어진다.

ⓑ 아마로네(Amarone)와 발포리첼라(Valpolicella)

발포리첼라는 과거에는 그다지 우수한 품질의 와인은 아니었으나 아마로네 포도즙을 짜낸 찌꺼기에다 와인을 다시 한번 발효시키는 리파소(ripasso)라는 옛날 양조 방법을 사용해 풍부한 질감의 레드 와인으로 재탄생 되었다.

③ 토스카나(Toscana)

ⓐ 끼안티

끼안티는 서로 다른 여러 종류의 포도를 혼합하여 만든다. 주요 품종은 산지오베제(Sangiovese)로서 전체의 50~80%, 카나이올로 네로(Canaiolo Nero)가 10~30%, 화이트 트레비아노 토스카노(Trebbiano Toscano), 말바지아 델 끼안티(Malvasia del Chianti)가 10~30%를 차지하며 나머지 5% 정도는 이 지역 토종 포도를 사용한다. 끼안티는 지역의 한계, 포도 품종, 생산 방법 등 D.O.C.법에 규정되어 있는 사항들을 정확히 지켜 왔다.

끼안티는 다음과 같이 3가지로 나뉜다.

- 끼안티(Chianti) : 6개월에서 1년 정도 숙성시키는, 후레쉬 하면서도 후르츠한 가벼운 와인이다.
- 끼안티 클라시코(Chianti Classico) : 포도원의 중앙 지역에서 생산된 양질의 포도로 만들어진다.
- 끼안티 클라시코 리제르바(Chianti Classico Riserva) : 병입 되기 전 오크 통에서 3년간 숙성시킨다.

ⓑ 브루넬로 디 몬탈치노(Brunello di Montalcino)

D.O.C.G.와인으로 강건하고 맛이 깊으며 진한 향기를 발한다. D.O.C.법은 이 와인을 최소 4년을 오크 숙성시키도록 하고 있다.

ⓒ 비노 노빌레 디 몬테풀치아노(Vino Nobile di Montepulciano)

브루넬로 디 몬탈치노의 동쪽에 위치해 있다. 이 와인은 4개의 포도 품종을 혼합하여 만든다.

④ 롬바르디아(Lombardia)

주요 포도 품종은 네비올로이다. 트레비아노 포도품종으로 만든 루가나(Lugana)와 프란치아코르타(Francia Corta)가 생산된다.

3) 독일 와인

(1) 독일 와인 특징

프랑스의 와인 생산량의 1/4에 지나지 않으며, 독일 와인은 프랑스, 이탈리아, 미국 등의 다른 와인 대국들과는 다르게 화이트 와인이 생산량의 85%를 차지하고 있다. 독일의 지리적 특성으로 북위50도 부근에 위치하고 있는 독일의 와인 재배지역은 기후가 다른 국가의 와인 재배지역에 비하여 훨씬 저온이므로 상대적으로 유리한 화이트 와인의 생산에 이상적이기 때문이다.

(2) 독일 와인 등급

독일의 와인 등급 분류에는 타펠바인(taflwein) 란트바인(Landwein), Q.b.A(크발리테츠바인 베슈팀터 안바우게비트 Qualitätswein bestimmter Anbaugebiete), 프레디카츠바인(Prädikaswein)의 네 가지로 분류되며 아래와 같다.

① 타펠바인(Taflwein)

보통 테이블 와인이며 레이블에 포도원 이름이 표시되지 않는다.

② 란트바인(Landwein)

산지명 표기와 Trocken(드라이), Halbtrocken(세미드라이) 라벨이 허용되며 프랑스의 뱅 드 뻬이와 같다.

③ Q.b.A 크발리테츠바인 베슈팀터 안바우케비트(Qualitatswein bestimmter Anbaugebiete)

독일 와인의 가장 많은 양이 Q.b.A의 범주에 포함된다. 13개의 포도재배지역에서 생산되고 와인이 그 지역의 특성과 전통적인 맛을 갖도록 보증할 수 있기에 충분할 만큼 인정된 포도로 만들어진다.

④ 프레디카츠바인(Prädikatswein)

'등급 와인'이란 뜻으로, 단일지구에서 생산한 포도로 만드는 최고급 와인이다. 발효가 끝난후 쉬스레제르베(Süssreeserve)를 통한 당분 첨가가 가능하다. 포도 당분에 따라 6개 등급으로 나누며 발효 전에 머스트에 함유된 당분의 양이 기준이다.

프레디카츠바인(Prädikatswein)의 등급

- 카비네트(Kabinett) : 높은 산도의 가벼운 와인
- 슈페트레제(Spätlese) : 정상시기보다 1주 정도 늦게 수확하며, 약간의 바디와 감귤류 (레몬)
- 아우스레제(Auslese) : 잘 익는 포도송이만 선별 수확하며, 복숭아, 열대과일
- 베렌아우스레제(Beerenauslese) : 완전히 익은 포도알만 골라서 선별 수확하며, 귀부포도 가능성이 높고 디저트 와인의 원료가 됨
- 아이스바인(Eiswein) : 포도를 밭에서 자연적으로 얼려 수확하며, 신맛과 단맛이 어우러진 최고급 와인
- 트로켄베렌아우스레제(Trockenbeerenauslese) : 감미가 농축된 말린 포도(귀부포도)로 선별 수확하여 만들어 감미와 향미가 풍부한 와인

(3) 독일의 와인 생산지역

독일의 와인을 생산하는 지역은 이탈리아의 전역이 와인을 생산하는 것과는 아주 다르게 라인(Rhine)강을 끼고 있는 지역(독일 중서부지역)에 집중되어 있다. 라인가우(Rheingau) 지방은 가장 작은 지역임에도 불구하고 독일 와인의 주요 생산지이다. 라인강을 남쪽으로 바라보며 동서로 돌아가는 30Km구간의 이 아름다운 지역은 대부분의 포도원이 모두 햇빛을 잘 받을 수 있는 남향으로 되어있는 언덕 지형에 위치하고 있다. 이 라인가우 지역에서는 리슬링(Riesling), 스페트부르군더(Spatburgunder), 그리고 뮐러 트라가우(Muller-Thurgau)가 재배된다.

① 라인가우(Rheingau)

라인강을 남쪽으로 바라보며 동서로 돌아가는 30Km 구간의 이 아름다운 지역은 대부분의 포도원이 모두 햇빛을 잘 받을 수 있는 남향으로 되어있는 언덕 지형에서 위치하고 있다.

② 모젤(Mosel)

독일의 와인 생산지역 중 라인가우지역 다음으로 가장 유명한 지역이 모젤(Mosel) 지역이다. 라인(Rhine)강으로 흘러 들어가는 Mosel강을 따라 트리에르(Trier)시를 시작으로 하여 코블렌쯔(Koblenz)시를 끝으로 남서쪽으로 길게 뻗어있는 너무나도 아름다운 지역이며, 이 지역의 주품종도 역시 리슬링(Riesling)이며 가볍고, 섬세하며, 과일 향기 그윽한 낮은 알코올 함유량을 가지고 있는 와인을 주로 생산한다.

③ 프랑켄(Franken)

프랑켄은 독일 포도주 생산지역 중에서 가장 동쪽에 위치하고 있다. 부드러운 계곡과 가파른 경사 지역의 기후 조건은 포도 재배에 유리하고, 건조하고 더운 여름과 추운 겨울의 대륙적인 기후는 서리에 대한 주의를 해야 한다. 프랑켄의 주요 포도 품종은 실바너, 뮐러 투르가우 포도 품종이 재배된다.

4) 미국 와인

(1) 미국 와인의 특징

미국은 와인 산업은 짧은 기간에도 불구하고 1870년경 캘리포니아 지역에 최대 규모의 와인 양조장을 건설할 계획을 세울 정도로 발전하였으나, 19세기 말에서 20세기 초까지 많은 일들로 인해 와인산업이 둔화 되었다. 1940년대와 50년대에 들어서며 와인 산업은 새로운 전성기를 맞게 된다. 미국 와인 생산량의 90%를 차지하는 캘리포니아에는 800여 곳의 와인 양조장이 있으며, 놀라울 정도로 균일한 품질의 와인을 생산해내고 있다. 미국은 현대적인 포도 재배 및 양조 기술을 최대한 활용, 다양한 품질의 좋은 와인을 생산하고 있다.

(2) 미국 와인의 등급

미국 와인 레이블에 적혀있는 포도품종은 미국의 와인생산지역(AVA : American Viticultural Areas)의 기본적 규정(규정이라고 할 수도 없는)을 따라 그 품종을 80%이상 사용하였음을 의미한다. 따라서 맛을 보지 않고서도 대충 포도품종의 성격으로 이 와인은 어떨 것이다 하는 것을 짐작하실 수 있다. 그래서 앞에서 다룬 포도품종과 그 특성을 알아야 하는 것이다.

(3) 미국의 와인 산지
① 나파 벨리(Napa Valley)

북부해안 지방에는 나파 벨리(Napa Valley)가 가장 유명하며 캘리포니아 고급 와인은 대부분 이 곳에서 생산되고 있다. 미국 전역에서 생산되는 와인 중에서 가장 유명한 지역이 캘리포니아의 나파(Napa) 지역이다. 이곳에서 생산되는 와인은 프랑스 메독(Medoc) 지방과 마찬가지로 까베르네 쇼비뇽을 주 품종으로 한다. 그래서 메독 지역의 와인과 맛이 흡사하며 그 품질이 좋아 와인 애호가들에게 많은 찬사를 받고 있다.

② 소노마(Sonoma)

나파밸리 다음으로 유명한 와인생산지역으로 샤르도네, 까베르네 쇼비뇽, 메를로를 많이 생산한다.

③ 산호퀸 벨리(San Joaquin Valley)

미국에서 가장 많은 와인을 생산하는 곳으로 캘리포니아 와인의 80%는 이 곳에서 나온다. 즉 대중적인 와인을 만드는 곳이라 할 수 있다.

④ 산타 바바라(Santa Barbara)

삐노누아와 샤르도네가 주요 산지로 특히 삐노누아가 유명하다.

5) 스페인 와인

(1) 스페인 와인의 특성

스페인의 포도밭은 세계에서 가장 넓지만, 단위면적 당 생산량이 많지 않기 때문에, 와인 생산량은 프랑스보다 적다. 스페인은 날씨가 건조하고 관개시설이 빈약하여 생산성이 좋지 못했는데 최근 이를 개선하고 있으며, D.O.라는 원산지 통제제도를 만들어 실시하고 새로운 품종을 도입하여 과학적인 관리방법으로 우수한 와인의 생산에 노력을 기울이고 있다. 스페인은 무엇보다도 유럽에서 식전주로 사용하는 셰리로 이름이 널리 알려져 있는 나라라고 할 수 있다.

(2) 스페인 와인의 등급

① Vino de Mesa

기본와인 원료인 포도주는 스페인의 어느 지방 것이라도 관계없고 지역 명과 빈티지도 라벨에 표시되지 않는다.

② Vino de la tierra

DO급으로 올라가기 위한 전 단계이다. 이탈리아의 IGT 포도재배, 양조, 숙성에 있어 자연 환경과 생산노하우에 의해 일정한 품질과 명성을 가진 특정지역 와인을 의미한다.

③ DO : Vino de Denominacion de Origen

품질와인 중에서 가장 기본단계이다. 최소 5년간 해당지역에서의 와인의 우수성을 입증하여 자격을 얻을 수 있다. 특정지역, 특정품종, 포도재배, 양조, 숙성방법 등을 준수한다.

④ DOC : Vino de Denominacion de Origen Calificada

일종의 슈퍼-DO이다. 보다 엄격한 기준을 지키는 와인으로서 와인 법 규정에 의거 가장 높은 단계. DO단계에서 최소 10년 이상 생산이 꾸준히 이루어져야 받을 수 있다.

⑤ Vino de Pagos

와인법 규정에 의거 가장 높은 단계

(3) 스페인 와인의 주요 생산지역

① 리오하(Rioja)

스페인에서 가장 우수한 와인을 만드는 곳으로 알려져 있으며, 특히 이 곳의 레드 와인은 세계적으로 정평이 나 있다.

② 페네데스(Penedes)

바르셀로나 남서쪽 해안을 따라 형성된 와인 산지로 스페인에서 가장 혁신적인 방법으로 와인을 만들고 있는 곳이다. 이 곳의 와인의 2/3는 화이트와인이며 그 중 대부분이 발포성 와인 즉 까바(Cava)이다.

③ 헤레즈(Jerez)

셰리는 헤레즈의 영어식 발음이다. 프랑스의 샴페인과 같이 단일 지역 와인 중 세계적으로 가장 인기 있는 와인이다. 생산량은 스페인 와인의 4%이지만 일찍부터 세계로 퍼진 대표적인 식전 주로 사용 되고 있다. 삐노 셰리(Fino-Sherry)는 엷은 색을 띠며 단맛이 없는 드라이한 맛이다. 알코올 도수를 15%로 높인 것이고, 질감이 중후한 올로로소(Oloroso) 종류는 알코올 도수를 18%로 높인 것이다. 특이한 방법으로 발효를 시켜 독특한 숙성과정을 거쳐 생산되는 셰리는, 서양사람의 식욕을 자극하는 효과가 있어서 전통적으로 식사 전에 마시는 와인이 된 것이다.

6. 와인의 테이스팅과 서빙

1) 와인 오픈 방법(코르크 따기)

① 코르크 스크류를 사용한다. 코르크 스크류는 나선 모양의 마개 뽑이를 갖고 있고 병 뚜껑을 따는 장치와 와인 병의 캡슐 제거를 위한 작은칼을 갖추고 있어야 한다.

② 칼을 이용하여 와인병목 캡슐의 볼록한 부분의 아래쪽을 깨끗하게 도려낸다. 이 때 가급적이면 와인병을 돌리지 않도록 한다.

③ 코르크 스크류의 나선 끝 부분을 코르크의 정 중앙 부분에 놓고 천천히 아래 방향으로 돌린다. 이때 코르크 스크류를 너무 깊게 돌려 코르크를 통과하지 않도록 조심한다. (코르크 조각이 와인에 떨어질 수 있다.)

④ 스크류의 지레를 병목 테두리 부분에 걸친 후 반대쪽 손잡이를 천천히 위쪽으로 잡아 당긴다. 이때 코르크가 부서지는 것을 방지하기 위해 수직 방향 위쪽으로 잡아당긴다. 비스듬히 또는 억지로 당기지 않도록 조심한다.

⑤ 코르크를 조심스럽게 뽑아 낸 후 코르크로 병 입구 부분을 깨끗이 닦아낸다. 경우에 따라서는 깨끗한 냅킨으로 닦기도 한다.

⑥ 와인을 주문한 사람의 와인 잔에 소량(약 40ml)의 와인을 따른다. 시음 후 승인을 얻은 후 다른 손님들에게 와인을 서비스한다. 와인을 글라스의 2/3이상 따르지 않도록 한다.

⑦ 와인을 글라스에 따른 후 손목을 이용해 빠르게 회전하며 병을 세워 와인 방울이 테이블 또는 병에 흘러내리지 않도록 한다.

2) 와인 테이스팅

와인의 테이스팅은 말 그대로 와인의 빛깔, 향, 맛을 순차적으로 테이스팅하는 것이다. 그래서 테이스팅을 할 때는 넘기는 것보다는 뱉는 경우가 많다. 그러므로 물을 준비하여 입을 헹구는 것도 좋다. 와인의 시음은 높은 집중력과 관찰이 필요로 한다. 시음의 최적의 장소는 밝은 곳이면서 자연광이 풍부한 곳이 좋으며 주변의 환경, 시음자의 몸 상태, 시음직전 먹거나 마신 음식, 흡연자와 비 흡연자, 등 많은 환경적인 요인이 필요로 한다.

(1) 장소

장소는 충분히 밝고 직사광선이 없는 곳과 적당한 온도의 공간과 주변의 소음과 냄새가 없는 장소가 좋다.

(2) 시간

테이스팅에 적당한 시간은 식사 전 배고플 때가 감각기관이 예민하여 테이스팅에 적당하다고 할 수 있다. (오전 11시 또는 오후 5시)

(3) 시음순서

시음순서는 라이트 바디에서 풀 바디로 시음하는 것이 좋으며 기본급 와인에서 향이 복합적인 와인으로, 빈티지가 최근 와인(Young)부터 시음하고 숙성와인(old)을 시음한다. 또한 화이트 와인을 시음하고 레드 와인을 시음하는 것이 좋다.

(4) 테이스팅을 위한 글라스 선택

테이스팅을 위한 전용글라스는 ISO3591인증 국제 규격에 의한 테이스팅 글라스로 Institut Nationale des Appellations d'Origine(INAO) 국제원산지명칭협회 규격의 잔이 선호된다. 하지만 꼭 필요한 것은 아니므로 일반적인 와인 잔을 사용해도 무방하다.

3) 와인 테이스팅할 때 주의할 점

① 와인을 테이스팅할 때는 드라이한 와인으로부터 스위트한 와인을 또 영(Young) 와인에서부터 오래 숙성된 와인을 마셔야 한다.
② 적당량의 와인을 입안의 전체에 적신 후 와인을 입 안에 둔 상태에서 외부 공기를 들이마신다. 시각과 향을 잘 기억하면서 혀의 감각에 의존해야 한다.

4) 테이스팅 용어

와인이 어렵게 느껴지는 가장 큰 원인은 복잡한 테이스팅 용어 때문일 수도 있다. 도저히 와인을 평가한 것이라고는 믿기 어려울 정도로 시적인 언어와 많은 표현들이 존재한다. 역으로 생각하면 그만큼 와인이 섬세하고 복잡한 음료라는 이야기도 된다. 모든 용어를 일반인이 익힌다는 것은 불가능하다. 단지 정해진 몇 가지 기본적인 용어를 익히고 이에 맞춰 자신만의 테이스팅 노트를 작성하면 된다. 와인과 친해지면 친해질수록 노력하지 않아도 멋진 표현들이 자연스럽게 생겨날 것이다.

5) 디캔팅

디캔팅은 와인을 마시기 직전 침전물을 와인에서 분리시키는 작업을 의미하며, 탄닌이 풍부하여 너무 떫은 와인을 Aeration으로 부드럽고, 빠르게 숙성하도록 도와 한층 마시기 편한 와인으로 만드는 것이 목적이다.

(1) 디캔팅 언제 할까?

와인의 숙성도에 따라 다르지만, 일반적으로 서비스하기 전 약 30분 전에 하는 것이 좋다. 와인 부케가 서서히 형성되므로 도중 아주 가벼운 공기와의 접촉에도 섬세하고 날아가기 쉬운 아로마는 금방 약화될 수 있기 때문에 향의 보존을 위해 식사 직전에 디캔팅한다.

(2) 디캔팅은 어떻게 할까?

① 먼저 병을 흔들지 않으면서 코르크 마개를 딴다.

② 디캔터에 와인을 조금 흘려 넣은 뒤 헹구어서 술 냄새가 배이도록 한다.

③ 그 다음 한 손에는 병을 들고 와인을 디캔터의 내부 벽을 타고 흘러내리도록 하면서 조심스럽게 옮겨 담는다.

④ 촛불을 켜서 병목 반대편 아래쪽에 놓아두면 찌꺼기가 병목 쪽으로 흘러들어 오는 것을 쉽게 발견할 수가 있다.

⑤ 찌꺼기가 디캔터 안으로 흘러 들어가지 않도록 잘 살피다가 빠른 동작으로 병을 일으킨다.

6) 와인 서빙

(1) 서빙 적정온도

사람이 체형마다 옷을 달리 입는 것처럼 와인 역시 마시기 전 갖춰야 할 점이 있다. 와인의 맛과 향을 제대로 즐기기 위해서는 각 와인마다 적절한 온도에서 서브되어야 한다. 일반적으로 레드 와인은 실온에서 화이트는 약간 차갑게 마시는 것이 좋다고 알려져 있다. 그러나 여기에서 말하는 '실온'은 난방 시설이 잘 갖춰진 요즘과 달리 과거 유럽 궁정 식당의 실내 온도로서 18~20℃ 사이로 약간 서늘한 기온이다. 또 레드 와인도 품종에 따라 온도를 달리 하는 것이 좋다. 예를 들어 보르도와 같이 무거운 와인은 차게 하면 탄닌 성분이 강하게 느껴져 떫은 맛이 두드러지지만 보졸레와 같이 가벼운 레드 와인은 10도 정도로 약간 차갑게 마셔야 제대로 된 맛을 볼 수 있다.

와인에 따라 서비스 온도를 달리하는 것이 귀찮고 번거로운 일일 수도 있지만 조금만 신경 쓴다면 맛있게 와인을 즐길 수 있다.

기출문제

01 곡류를 원료로 만드는 술의 제조시 당화과정에 필요한 것은?

㉮ Ethyl alcohol

㉯ CO$_2$

㉰ Yeast

㉱ Diastase

02 클라렛(Claret)이란?

㉮ 독일산의 유명한 백포도주

㉯ 프랑스산 적포도주

㉰ 스페인산 포트와인

㉱ 이태리산 스위트 벌므스

03 끼안티(Chianti)는 어느 나라 포도주인가?

㉮ 프랑스 ㉯ 이태리

㉰ 미국 ㉱ 독일

04 다음 보기는 와인에 관한 법률이다. 어느 나라 법률인가?

〈보기〉
AOC, VDQS, Vins De Pays, Vins De Table

㉮ 이태리 ㉯ 스페인

㉰ 독일 ㉱ 프랑스

05 주정 강화주(Fortified)에 속하는 음료는?

㉮ 위스키(Whisky)

㉯ 데킬라(Tequila)

㉰ 브랜디(Brandy)

㉱ 셰리와인(Sherry Wine)

06 영와인(Young Wine)은 몇 년간 저장하여 숙성시킨 것인가?

㉮ 5년 이하

㉯ 7~10년

㉰ 10~15년

㉱ 15년 이상

07 포도주(Wine)의 분류 중 색에 따른 분류에 포함되지 않는 것은?

㉮ 레드와인 ㉯ 화이트 와인

㉰ 블루 와인 ㉱ 로제 와인

08 와인의 빈티지(Vintage)이란?

㉮ 숙성기간

㉯ 발효기간

㉰ 포도의 수확년도

㉱ 효모의 배합

09 샴페인에 관한 설명 중 틀린 것은?

㉮ 샴페인은 발포성(Sparking)와인의 일종이다.

㉯ 샴페인 원료는 삐노 누아, 삐노 뮈니에, 샤르도네이다.

㉰ 돔 페리뇽(Dom Peringon)에 의해 만들어졌다.

㉱ 샴페인 산지인 샹파뉴 지방은 이탈리아 북부에 위치하고 있다.

10 스틸와인(Still Wine)을 바르게 설명한 것은?

㉮ 발포성 와인

㉯ 식사 전 와인

㉰ 비발포성 와인

㉱ 식사 후 와인

11 Port Wine을 옳게 표현한 것은?

㉮ 항구에서 막노동을 하는 선원들이 즐겨 찾는 적포도주

㉯ 적포도주의 총칭

㉰ 스페인에서 생산되는 식탁용 드라이(Dry) 포도주

㉱ 포르투갈에서 생산되는 감미(Sweet) 포도주

12 다음 중 Red Wine 용 포도품종은?

㉮ Cabernet Sauvignon

㉯ Chardonnay

㉰ Pino Blanc

㉱ Sauvignon Blanc

13 Dry wine이 당분이 거의 남아있지 않은 상태가 되는 주된 이유는?

㉮ 발효 중에 생성되는 호박산, 젖산 등의 산 성분 때문

㉯ 포도속의 천연 포도당을 거의 완전 발효시키기 때문

㉰ 페노릭 성분의 함량이 많기 때문

㉱ 가당 공정을 거치기 때문

14 화이트 초도품종인 샤르도네만을 사용하여 만드는 샴페인은?

㉮ Bland de Noirs

㉯ Blanc de blancs

㉰ Asti Spumaante

㉱ Beaujolais

15 프랑스와인의 원산지 통제 증명법으로 가장 엄격한 기준은?

㉮ D.O.C

㉯ A.O.C

㉰ V.D.Q.S.

㉱ Q.M.P

16 이탈리아 와인에 대한 설명으로 틀린 것은?

㉮ 거의 전 지역에서 와인이 생산된다.

㉯ 지명도가 높은 와인산지로는 피에몬테, 토스카나, 베네토 등이 있다.

㉰ 이탈리아의 와인등급체계는 5등급이다.

㉱ 네비올로 ,산지오베제, 바르베라, 독체토 포도품종은 레드와인용으로 사용된다.

17 로제와인에 대한 설명으로 틀린 것은?

㉮ 대체로 붉은 포도로 만든다.

㉯ 제조시 포도껍질을 같이 넣고 발효
시킨다.

㉰ 오래 숙성시키지 않고 마시는 것이
좋다.

㉱ 일반적으로 상온(17~18℃)정도로
해서 마신다.

18 프랑스에서 스파클랑 와인명칭은?

㉮ Vin Mousseux

㉯ Sekt

㉰ Spumante

㉱ Perlwein

19 Terroir의 의미는?

㉮ 포도재배에 있어서 영향을 미치는
자연적인 환경요소

㉯ 영양분이 풍부한 땅

㉰ 와인을 저장할 때 영향을 미치는 온도,
습도, 시간의 변화

㉱ 물이 잘 빠지는 토양

20 프랑스 와인제조에 대한 설명 중 틀린 것은?

㉮ 프로방스에서는 주로 로제와인을 많
이 생산한다.

㉯ 포도당이 에틸알코올과 탄산가스로
변한다.

㉰ 포도 발효 상태에서 브랜디를 첨가
한다.

㉱ 포도껍질에 있는 천연효모의 작용으
로 발효가 된다.

21 와인의 tasting방법으로 옳은 것은?

㉮ 와인을 오픈한 후 공기와 접촉되는
시간을 최소화하여 바로 따른 후 마
신다.

㉯ 와인에 얼음을 넣어 냉각시킨 후 마
신다.

㉰ 와인잔을 흔든 뒤 아로마나 부케의
향을 맡는다.

㉱ 검은 종이를 테이블에 깔아 투명도
및 색을 확인한다.

22 주로 화이트와인을 양조할 때 쓰이는 품종
은?

㉮ Syrah

㉯ Pinot Noir

㉰ Cabernet Sauvignon

㉱ Muscadet

23 보르도에서 재배되는 레드와인용 포도품종
이 아닌 것은?

㉮ 메를로

㉯ 뮈스까델

㉰ 까베르네 쇼비뇽

㉱ 까베르네 프랑

24 Dom perignon과 관계가 있는 것은?

㉮ Champagne

㉯ Bordeaux

㉰ Martini Rossi

㉱ Menu

25 매년 보졸레 누보의 출시일은?

㉮ 11월 1째주 목요일

㉯ 11월 3째주 목요일

㉰ 11월 1째주 금요일

㉱ 11월 3째주 금요일

26 화이트와인용 포도품종이 아닌 것은?

㉮ 샤르도네

㉯ 시라

㉰ 소비뇽 블랑

㉱ 삐노 블랑

27 포도품종에 대한 설명으로 틀린 것은?

㉮ Syrah : 최근 호주의 대표품종으로 자리 잡고 있으며, 호주에서는 Shiraz라고 부른다.

㉯ Gamay : 주로 레드와인으로 사용되며, 과일향이 풍부한 와인이 된다.

㉰ Merlot : 보르도, 캘리포니아, 칠레 등에서 재배되며, 부드러운 맛이 난다.

㉱ Pinot Noir : 보졸레에서 이 품종으로 정상급 레드와인을 만들고 있으며, 보졸레 누보에 사용된다.

28 프랑스 와인에 대한 설명으로 틀린 것은?

㉮ 풍부하고 다양한 식생활 문화의 발달과 더불어 와인이 성장하게 되었다.

㉯ 샹파뉴 지역은 연평균 기온이 높아 포도가 빨리 시어진다는 점을 이용하여 샴페인을 만든다.

㉰ 일찍부터 품질 관리 체제를 확립하여 와인을 생산해오고 있다.

㉱ 보르도 지역은 토양이 비옥하지 않지만, 거칠고 돌이 많아 배수가 잘 된다.

29 프랑스인들이 고지방 식이를 하고도 심장병에 덜 걸리는 현상인 French Paradox의 원인물질로 알려진 것은?

㉮ Red Wine - tannin, chlorophyll

㉯ Red Wine - Resveratrol, polyphenols

㉰ White Wine - Vit.A, Vit.C

㉱ White Wine - folic acid, niacin

30 와인의 마개로 사용되는 코르크 마개의 특성이 아닌 것은?

㉮ 온도변화에 민감하다.

㉯ 코르크 참나무의 외피로 만든다.

㉰ 신축성이 뛰어나다.

㉱ 밀폐성이 있다.

31 샴페인 품종이 아닌 것은?

㉮ 삐노 누아

㉯ 삐노 뮈니에

㉰ 샤르도네

㉱ 쎄미용

32 이탈리아 와인 중 지명이 아닌 것은?

㉮ 끼안티

㉯ 바르바레스코

㉰ 바롤로

㉱ 바르베라

33 와인 제조시 이산화황(SO_2)을 사용하는 이유가 아닌 것은?

㉮ 항산화제 역할

㉯ 부패균 생성 방지

㉰ 갈변 방지

㉱ 효모 분리

34 부르고뉴지역의 주요 포도품종은?

㉮ 샤르도네와 메를로

㉯ 샤르도네와 삐노 누아

㉰ 슈냉 블랑과 삐노 누아

㉱ 삐노 블랑과 까베르네 쇼비뇽

35 다음 중 발포성 포도주가 아닌 것은?

㉮ Vin Mousseux

㉯ Vin Rouge

㉰ Sekt

㉱ Spumante

36 주정 강화 와인(fortified wine)의 종류가 아닌 것은?

㉮ 이태리의 아마로네

㉯ 프랑스의 뱅 드 리퀘르

㉰ 포르투갈의 포트와인

㉱ 스페인의 셰리와인

37 와인제조 과정 중 말로락틱 발효(malolactic fermentation)란?

㉮ 알콜발효

㉯ 1차발효

㉰ 젖산발효

㉱ 탄산 발효

38 「단맛」이라는 프랑스어는?

㉮ Trocken

㉯ Blanc

㉰ Cru

㉱ Doux

39 샴페인의 당분이 6g/L 이하일 때 당도의 표기 방법은?

㉮ Extra Brut

㉯ Doux

㉰ Demi Sec

㉱ Brut

40 Grappa에 대한 설명으로 옳은 것은?

㉮ 포도주를 만들고 난 포도 찌꺼기를 원료로 만든 술

㉯ 노르망디의 칼바도스에서 생산되는 사과브랜디

㉰ 과일과 작은 열매를 증류해서 만든 증류수

㉱ 북유럽 스칸디나비아 지방의 특산주

41 White Wine을 차게 제공하는 주된 이유는?

㉮ 탄닌의 맛이 강하게 느껴진다.

㉯ 차가울수록 색이 하얗다.

㉰ 유산은 차가울 때 맛이 좋다.

㉱ 차가울 때 더 Fruity한 맛을 준다.

정답									
1	2	3	4	5	6	7	8	9	10
㉱	㉯	㉯	㉱	㉱	㉮	㉰	㉰	㉱	㉰
11	12	13	14	15	16	17	18	19	20
㉱	㉮	㉯	㉯	㉯	㉰	㉱	㉮	㉮	㉰
21	22	23	24	25	26	27	28	29	30
㉰	㉱	㉯	㉮	㉯	㉯	㉱	㉯	㉯	㉮
31	32	33	34	35	36	37	38	39	40
㉱	㉱	㉱	㉯	㉯	㉮	㉰	㉱	㉮	㉮
41									
㉱									

증류주

곡물이나 과실 또는 당분을 포함한 원료를 발효시켜서 약한 주정분(양조주)을 만들고 그것을 다시 증류기에 의해 증류한 술을 말하며, 스피리츠(Spirits)라고 한다.

알코올 도수가 매우 높은 편이며 위스키, 브랜디, 진, 럼, 보드카, 데킬라, 아쿠아비트, 그라파 등이 있다.

I 위스키(Whisky)

1. 위스키의 역사

위스키는 언제 생긴 것일까? 여러 가지 설이 있으나 스카치(Scotch)의 역사가 곧 위스키의 역사라 할 수 있다. 위스키는 12세기 십자군 전쟁이 끝난 직후 중동 지역으로부터 돌아온 그리스도교의 전도사 세인트 페트릭(St.Patrick, 387경~461)이 아일랜드인에게 증류 기술을 가르쳐서 만든 것이 시작이라고 한다. 전수된 알코올 증류기술은 초기에는 향수를 제조하는데 사용하였으나, 유럽에서 아일랜드를 거쳐 스코틀랜드로 정해지면서 위스키의 증류기술로 발전하게 되었다. 위스키에 대한 문헌상의 최초의 기록은 1172년 영국 왕 헨리 2세(Henry II, 1133~1189)가 아일랜드 정복 당시 보리로 만든 증류주가 있었고, 1494년 스코틀랜드 재무부 기록에 의하면 린도레스 수도원의 수도사인 존코어(Joncour)가 보리로 증류수를 만들었다고 적혀 있다.

2. 위스키의 제조과정

① 맥아 → ② 당화 → ③ 발효 → ④ 증류 → ⑤ 숙성 → ⑥ 블렌딩 → ⑦ 메링 → ⑧ 제품

(1) 맥아

대맥(2조보리)을 물에 담가 싹을 틔운 후 건조시킨다. 몰트위스키는 건조과정에서 피트(Peat)탄을 사용한다. 전통적인 건조과정은 2~3일간 진행한다.

(2) 당화

건조된 맥아를 분쇄하여 더운 양조수를 가하여 당화조에서 전분을 당으로 분해시켜 여과 후 냉각한다.

(3) 발효

냉각된 당화 액에 효모를 첨가하여 발효시킨다. 발효는 보통 3일 정도에 끝나며, 알코올 도수는 7~8%정도 된다.

(4) 증류

발효가 끝난 발효주는 단식증류기 또는 연속 증류기를 사용하여 증류한다. 첫 번째가 아닌 두 번째 증류된 증류 액을 사용하며, 스피릿(Spirit)이라고 한다.

(5) 숙성

60~70%알코올성분을 가진 무색투명한 증류 액을 오크통속에 저장하여 숙성과정을 거치게 된다. 최소 3년 이상 숙성시키며, 보통 그 이상 숙성시킨다.

(6) 블렌딩

숙성이 끝난 후 한 종류의 원액만을 물로 희석하여 제품화하는 경우도 있지만, 대부분 30여 종류의 몰트위스키 원액과 한 가지 또는 그이상의 그레인위스키 원액을 적당한 비율로 블렌딩한 후 물을 첨가하여 제품화 한다.

(7) 메링

블렌딩한 위스키 원액이 서로 잘 조화를 이룰 수 있도록 일정기간동안 후 숙성시킨다.

(8) 제품

숙성이 끝난 위스키 원액은 제품화하기 전에 물을 첨가하여 병에 넣어 제품화한다.

3. 생산지의 분류

1) 스카치 위스키(Scotch Whisky)

스코틀랜드(Scotland)에서 생산되는 위스키의 총칭이다.

스코틀랜드에서 생산되는 보리와 물, 피트(Peat) 탄 등을 이용하여 최소 3년 숙성시켜야 스카치 위스키라 할 수 있다.

(1) Scotch Whisky의 유명상표
① 몰트 위스키(Malt Whisky)

글렌피딕(Glenfiddich), 맥켈란(Macallan), 글렌리벳(Glenlivet), 글렌모란지(Glenmorangie)

② 블랜디드 위스키(Blended Whisky)

발렌타인(Ballantine), 시바스리갈(Chivas Regal), 커티샥(Cutty Sark), J & B, 듀어스, 조니워커(Johnnie Walker), 로얄살룻(RoyalSalute), 화이트 호스(White Horse), 올드파(Old Parr)

조니워커

2) 아메리칸 위스키(American Whisky)

미국에서 생산되는 Whisky의 총칭이다.

단식증류기가 사라지고 연속식 증류기가 사용되며 대량생산이 되면서 스카치 다음의 자리를 굳혔다. 스트레이트 위스키(Straight Whiskey)와 블랜디드 위스키(Blended Whiskey)로 구분된다.

아메리칸 위스키

(1) 스트레이트 위스키(Straight Whiskey)

한 가지 곡물이 최소한 51%이상 함유되도록 곡물을 섞은 후 발효하여 알코올 도수가 80%를 넘지 않게 증류한 후 속을 그을린 오크통 속에서 최소 2년 이상 숙성시켜 알코올을 40%이상으로 낮추어 병입한 위스키라고 한다. 스트레이트 위스키는 주재료의 비율에 따라 다음과 같이 표시한다.

- 옥수수를 51% 이상 사용 : 스트레이트 버번 위스키(Straight Bourbon Whisky)
- 옥수수를 80% 이상 사용 : 스트레이트 콘 위스키(Straight Corn Whiskey)
- 호밀(Rye)을 51% 이상 사용 : 스트레이트 라이 위스키(Straight Rye Whiskey)
- 발아한 호밀(Malted Rye)을 51% 이상 사용 : 스트레이트 라이몰트(Straight Rye Malt Whiskey)
- 밀을 51% 이상 사용 : 스트레이트 휘트 위스키(Straight Wheat Whiskey)
- 몰트(Malt)를 51% 이상 사용 : 스트레이트 몰트 위스키(Straight Malt Whiskey)

(2) 블랜디드 위스키(Blended Whiskey)

몰트와 그레인 위스키를 혼합한 위스키를 영국에서는 블랜디드 위스키라 부르고, 미국에서는 위스크와 뉴트럴 스피리츠(Neutral Spirits), 또는 그래인 스피리츠를 서로 블렌딩한 것을 말한다.

(3) 아메리칸 위스키(American Whisky)의 종류

① 버번 위스키(Bourbon Whisky)

짐빔(Jim Beam), 와일드 터키(Wild Turkey), 얼리 타임즈(Early Times), 아이 더블유 하퍼(I .W Harper), 올드 그랜데드(Old Grand Dad)

② 테네시 위스키(Tennessee Whisky)

잭 다니엘스(Jack Daniel's)

3) 아이리쉬 위스키(Irish Whisky)

아일랜드(Ireland)산의 위스키를 총칭한다.

보리를 사용하여 처음 Whisky를 만든 나라이다.

아이리쉬 위스키는 세 번 증류하며 반드시 단식 증류기를 사용하여 3회 증류한다.

① Irish Whisky의 유명상표

John Jameson, Old Bushmills 등이 있다.

4) 캐나디언 위스키(Canadian Whisky)

캐나다 내에서 생산되는 위스키를 총칭한다.

모두가 블랜디드 위스키이며, 스트레이크 위스키는 법으로 금한다.

호밀을 주원료로 한 위스키와 옥수수를 주원료로 한 위스키를 블렌딩하여 연속 증류기로 세계에서 가장 라이트한 위스키를 생산한다.

① 캐나디언 위스키(Canadian Whisky)의 유명상표

캐나디언 클럽(Canadian Club), 시그램스 V.O(Seagram's V.O), 올드 캐나다(Old Canada), 크라운 로얄(Crown Royal) 등이 있다.

기출문제

01 위스키(Whisky)의 종류가 아닌 것은?

㉮ 스카치　　　㉯ 아이리쉬

㉰ 버번　　　　㉱ 스페니쉬

02 다음은 어떤 위스키에 대한 설명인가?

> 옥수수를 51% 이상 사용하고 연속식 증류기로 알코올 농도 40% 이상 80% 미만으로 증류하는 위스키

㉮ 스카치 위스키(Scotch Whisky)

㉯ 버번 위스키(Bourbon Whisky)

㉰ 아이리쉬 위스키(Irish Whisky)

㉱ 캐나디언 위스키(Canadian Whisky)

03 위스키(Whisky)의 설명으로 틀린 것은?

㉮ 생명의 물이란 의미를 가지고 있다.

㉯ 보리, 밀, 옥수수 등의 곡류가 주원료이다.

㉰ 주정을 이용한 혼성주이다.

㉱ 원료 및 제법에 의하여 몰트 위스키, 그레인 위스키, 블랜디드 위스키로 분류한다.

04 일반적으로 Bourbon Whisky를 주조할 때 약 몇 %의 어떠한 곡물이 사용되는가?

㉮ 50% 이상의 호밀

㉯ 40% 이상의 감자

㉰ 50% 이상의 옥수수

㉱ 40% 이상의 보리

05 Canadian Whisky가 아닌 것은?

㉮ Canadian club

㉯ Seagram's V.O

㉰ Seagram's 7 Crown

㉱ Crown Royal

06 다음 중 American Whisky가 아닌 것은?

㉮ Jim beam

㉯ jack daniel's

㉰ old grand dad

㉱ old bushmills

07 다음 중 연속식 증류법으로 증류하는 위스키는?

㉮ Irish Whisky

㉯ Blended Whisky

㉰ Malt Whisky

ⓐ Grain Whisky

08 다음 중 Irish Whisky는?

ⓐ JohnnieWalker Blue

ⓑ Jonh Jameson

ⓒ Wild Turkey

ⓓ Crown Royal

09 Malt Whisky를 바르게 설명한 것은?

ⓐ 대량의 양조주를 연속식으로 증류해서 만든 위스키

ⓑ 단식증류기를 사용하여 2회의 증류과정을 거쳐 만든 위스키

ⓒ 이탄으로 건조한 맥아의 당액을 발효해서 증류한 스코틀랜드의 위스키

ⓓ 옥수수를 원료로 대맥의 맥아를 사용하여 당화시켜 개량 솥으로 증류한 위스키

10 Whisky의 유래가 된 어원은?

ⓐ Usque baaugh

ⓑ Aqua bitae

ⓒ Eau-de-Vie

ⓓ Voda

11 Whisky의 재료가 아닌 것은?

ⓐ 맥아　　　　ⓑ 보리

ⓒ 호밀　　　　ⓓ 감자

12 Irish Whisky에 대한 설명으로 틀린 것은?

ⓐ 깊고 진한 맛과 향을 지닌 몰트 위스키이다.

ⓑ 피트훈연을 하지 않아 향이 깨끗하고 맛이 부드럽다.

ⓒ 스카치위스키와 제조과정이 동일하다.

ⓓ Jonh Jameson, old bushmills가 대표적이다.

13 jack daniel's와 버번 위스크의 차이점은?

ⓐ 옥수수의 사용여부

ⓑ 단풍나무 숯을 이용한 여과 과정의 유무

ⓒ 내부를 불로 그을린 오크통에서 숙성시키는지의 여부

ⓓ 미국에서 생산되는지의 여부

14 위스키의 원료가 아닌 것은?

ⓐ Grape　　　　ⓑ Barley

ⓒ Wheat　　　　ⓓ Oat

15 세계 4대 위스키산지가 아닌 것은?

ⓐ American Whisky

ⓑ Japanese Whisky

ⓒ Scotch Whisky

ⓓ Canadian Whisky

16 다음 주 버번 위스키(Bourbon Whisky)는?

㉮ Ballantine

㉯ I.W.Harper

㉰ Lord Calvert

㉱ Old Bushmills

II 브랜디(Brandy)

1. 브랜디의 어원 및 역사

어원은 17세기에 꼬냑지방의 와인을 폴란드로 운송하던 네델란드의 선박의 선장이 험한 항로에서의 화물의 부피를 줄이기 위한 방법으로 와인을 증류한 것을 네델란드어로 Brande wine 즉, 영어로는 Brunt Wine(불에 태운 와인)이라 부른 데서 기원한 것으로 이를 프랑스어로 Brande Vin이라 하고 이 말이 영어화 되어 브랜디라 불리어지게 되었고, 이를 힌트로 프랑스의 후장 Le Croix에 의해 2차 증류에 의한 본격적인 브랜디 생산방법이 개발되었다. 특히 코냑(Cognac)지방의 것이 세계적으로 유명하며, 이 지방에서 생산된 브랜디만을 코냑(Cognac)으로 법의 제재를 받고 있다.

브랜드의 창시자는 13세기경 스페인 태생의 의사이며 연금술사인 알노우 드 빌누으브(Arnaude de Villeneuve, 1235~1312)에 의해서 탄생하게 되었다. 이것을 '불사주의 영주'라하며 판매하였는데 '태운와인'이라는 뜻을 가진 술로 브랜디의 시초라 하겠다. 당시에 이것을 마시면 흑사병에 걸리지 않는다고 하여 '생명의물(Aqua Vitae)'라고 부르며 널리 퍼지게 되었다.

2. 브랜디 제조과정

① 양조과정 → ② 증류 → ③ 저장 → ④ 혼합

(1) 양조과정

브랜디를 양조하는데 필요한 품종은 생산지에 따라 다르나 프랑스에서는 쌩떼밀리옹(Saint Émilion), 폴 블랑슈(Folle Blanche), 꼴롱바르(Colombard)품종 등을 주로 사용한다. 포도를 9~10월 하순에 걸쳐 수확하여 파쇄한 후 압착하여 과즙을 만들고 과즙에 밑술을 첨가하여 18~23℃로 2~3주간 발효한다. 알코올분이 4%정도 되었을 때 당을 첨가하여 당도를 높여준다.

(2) 증류

브랜디는 와인을 2~3회 단식증류기(Pot Still)로 증류하는데, 1차 증류로 원료 과실주의 주정분이 술덧에 남아 있지 않을 때까지 증류하며, 2차로 재증류하여 저장한다.

(3) 저장

증류한 브랜디는 새로운 오크통에 넣어 저장한다. 새로운 오크통을 사용할 때에는 반드시 열탕으로 소독하고 다시 화이트 와인을 채워 이취물질을 제거한 후 브랜디를 넣어 저장한다. 저장기간은 최저 5년에서 20년이나, 오래 된 것은 50~70년 정도 된다.

(4) 혼합

브랜디는 혼합에 의해 정해진다. 그러므로 혼합과정은 가장 중요한 공정이다. 혼합한 브랜디는 다시 숙성시킨 후 병입된다.

3. 브랜디의 등급

브랜디는 숙성연수가 길수록 품질도 좋아진다. 그러므로 브랜디는 품질을 구별하기 위해서 여러 가지 문자나 부호로써 표시하는 관습이 있다. 브랜디에 처음으로 기호를 도입한 것은 1865년 헤네시(Hennessy)사에 의해서 이다. 별 또는 문자로 구분하여 표시하는데 법적으로 규정된 것은 아니고, 회사마다 차이가 있을 수 있는데, 숙성기간의 표시는 다음과 같다.

표시방법	숙성연수
★	2~5년
★★	5~6년
★★★	7~10년
★★★★★	10년 이상
V.O	12~15년
V.S.O.P	25~30년
X.O	40~45년
EXTRA	50~75년

머리글자

(1) V → Very(대단히)

(2) S → Superior(우량품)

(3) O → Old(오래된)

(4) P → Pale(맑은)

(5) X → Extra(특제)

4. 브랜디의 종류

1) 프랑스 브랜디

(1) 꼬냑(Cognac)

꼬냑 지방은 와인의 명산지인 보르도의 북쪽에 위치한 도시로, 이 지역에서 생산한 브랜디만을 꼬냑이라 부른다. 꼬냑의 생산지는 꼬냑 시를 중심으로 하여 여섯 지구의 품질순위로 나누어지며, 그 순위는 다음과 같다.

① A.C법에 따라 6개 지역 지정

- 그랑드 샹파뉴(Grand Champagne)
- 쁘띠드 샹파뉴(Petite Champagne)
- 보르드리(Borderies)
- 팡 보아(Fins bois)
- 봉 보아(Bons bois)
- 보아 오르디네르(Bois ordinaires)

② 유명상표

꼬냑의 5대 유명 회사(상표)는 까뮈(Camus), 꿔르부와지에(Courvoisier), 헤네시(Hennessy), 마르텔(Martell), 레미마틴(Remy martin), 비스키(Bisquit), 오타드(Otard), 라센(Larsen), 뽀리냑(Polignac), 크로아제(Croizet), 샤또 뽀레(Chateau Paulet), 하인(Hien) 등이 있다.

(2) 아르마냑(Armagnac)

아르마냑의 역사는 꼬냑보다 오래되었다. 아르마냑은 보르도 지방의 남서쪽에 위치하고 있으며, 이 지방에서 생산하는 브랜디만을 아르마냑이라고 한다. 아르마냑은 숙성시킬 때 향이 강한 블랙 오크통을 사용하기 때문에 꼬냑보다 숙성이 빠르다. 보통 10년 정도면 완전히 숙성한 아르마냑이 되며 숙성연도 표시는 꼬냑에 준한다.

① A.C법에 따라 지정된 지역

- 바 아르마냑(Bas armagnac)
- 테나레즈(Tenareze)
- 오 아르마냑(Haut armagnac)

② 아르마냑의 유명상표

샤보(Chabot), 자뉴(Janneau), 마리약(Malliac), Sempe(셈페) 등이 있다.

(3) 프렌치 브랜디(French Brandy)

꼬냑, 아르마냑 지역을 제외한 거의 모든 지역에서 생산되는 포도로 만든 브랜디를 총칭한다.

연속식 증류기를 사용하며, 숙성은 단기간하며 오래 숙성해도 품질 향상은 기대하기 어려운 저렴한 브랜디이다.

(4) 독일 브랜디

독일 브랜디는 원료가 되는 와인을 이탈리아나 프랑스, 스페인 등에서 수입해 증류하며, 라이트(Light)한 것이 특징이다.

① 바인브란트(Weinbrand)

85% 이상을 서독에서 증류한 것으로 고급품이다. (의무적으로 6개월 이상 숙성)

② 우어알트(Uralt)

1년 이상 숙성한 것으로 우수하다

(5) 이탈리아 브랜디

- 숙성 연한은 3년을 의무로 하고 있고, 단식과 연속식 증류기를 병행하여 사용한다.
- 그라파(Grappa) : 프랑스의 마르와 같이 와인을 만들고 남은 찌꺼기로 만든 브랜디로 숙성하지 않아서 투명하다.

(6) 스페인 브랜디

• 셰리(Sherry) 만들 때 브랜디를 사용한다.

• 와인의 부산물로 제조한다.

• 달고 향기가 좋다.

(7) 과일 브랜디

① 칼바도스(Calvados)

사과를 발효시켜 사과주를 만들어 증류하고 숙성시킨다.

② 애플 · 잭(Apple Jack)

미국에서 생산되는 사과브랜디이다.

③ 오드비 드 시드르(Eau-de-vie de Cidre)

프랑스 내 칼바도스를 제외한 사과를 발효 증류한 술

④ 키르쉬(Kirsch)

체리를 발효하여 증류한 브랜디

그 외에 배(Pear), 나무딸기(Raspberry), 살구(Apricot) 등의 Brandy가 있다.

오드비(Eau-de-vie)

오드비란 영어의 'Water of life'(생명의 물)라는 뜻으로 프랑스의 브랜디를 의미한다. 포도 이외의 다른 과실을 주원료로 만든 증류주를 보통 오드비라고 부르며, 곡물로 증류한 것은 슈납스(Schnapps)이라고 한다.

　오드비에 사용되는 대표적인 과실류에는 버찌, 오얏, 딸기, 서양 배, 플럼, 라즈베리 등이 있다. 오드비의 종류에는 브롬베아가이스트(Brombeergeist), 키르쉬 밧서(Kisch wasser), 애플 젝(Apple jack), 칼바도스(Calvados), 프람보아즈(Framboise), 플럼(Prune), 그라파(Grappa)등이 있다.

기출문제

01 단식증류기의 일반적인 특징이 아닌 것은?

㉮ 원료 고유의 향을 잘 얻을 수 있다.

㉯ 고급증류주의 제조에 이용한다.

㉰ 적은 양을 빠른 시간에 증류하여 시간이 적게 걸린다.

㉱ 증류 시 알코올 도수를 80도 이하로 낮게 증류한다.

02 단식증류법(pot still)의 장점이 아닌 것은?

㉮ 대량생산이 가능하다.

㉯ 원료의 맛을 잘 살릴 수 있다.

㉰ 좋은 향을 잘 살릴 수 있다.

㉱ 시설비가 적게 든다.

03 사과를 주원료로 해서 만들어지는 브랜디는?

㉮ Kirsch   ㉯ Calvados

㉰ Campari   ㉱ Framboise

04 꼬냑은 무엇으로 만든 술인가?

㉮ 보리   ㉯ 옥수수

㉰ 포도   ㉱ 감자

05 꼬냑의 등급 중에서 최고품은?

㉮ V.S.O.P   ㉯ Napoleon

㉰ X.O   ㉱ Extra

06 다음 설명 중 잘못된 것은?

㉮ 모든 꼬냑은 브랜디에 속한다.

㉯ 모든 브랜디는 꼬냑에 속한다.

㉰ 꼬냑지방에서 생산되는 브랜디만이 꼬냑이다.

㉱ 꼬냑은 포도를 주재료로 한 증류주의 일종이다.

07 브랜디의 숙성기간에 따른 표기와 그 약자의 연결이 틀린 것은?

㉮ v – very   ㉯ p – pale

㉰ s – special   ㉱ x – extra

08 오드비(Eau-de-Vie)와 관련 있는 것은?

㉮ 데킬라   ㉯ 그라파

㉰ 진   ㉱ 브랜디

09 브랜디의 제조순서로 옳은 것은?

㉮ 양조작업 – 저장 – 혼합 – 증류 –
숙성 – 병입

㉯ 양조작업 – 증류 – 저장 – 혼합 –
숙성 – 병입

㉰ 양조작업 – 숙성 – 저장 – 혼합 –
증류 – 병입

㉱ 양조작업 – 증류 – 숙성 – 저장 –
혼합 – 병입

10 Brandy와 Cognac의 구분에 대한 설명으로 옳은 것은?

㉮ 재료의 성질이 다른 것이다.

㉯ 같은 술의 종류이지만 생산지가 다르다.

㉰ 보관 연도별 구분한 것이다.

㉱ 내용물이 알코올 함량이 크게 차이가 난다.

11 꼬냑의 세계 5대 메이커에 해당하지 않는 것은?

㉮ Hennessy ㉯ Remy Martin

㉰ Camus ㉱ Tanqueray

정답									
1	2	3	4	5	6	7	8	9	10
㉰	㉮	㉯	㉰	㉱	㉯	㉰	㉱	㉯	㉯
11									
㉱									

III 진(Gin)

1. 진의 역사

진은 네덜란드의 라이덴(Leiden)대학의 의학교수인 프란시스쿠스 드 라 보에(Franciscus-de-le-boe) 일명 실비우스(Sylvius)박사가 약주로서 개발한 것이 시초이다. 진이란 주니퍼(Juniper)의 불어인 주니에브르(Genievre)에서 유래되었고, 네덜란드로 전해져 제네바(Geneva, Jenever)가 되고 17세기 말엽 영국에 전파가 되어 진(Gin)이 되었다. 실비우스 교수는 노간주나무 열매(Juniperberry)와 코리엔더(coriander), 안제리카(Angerica)등을 침출시켜 이뇨제, 소독제, 해열제로 만들어 냈다. 1689년 윌리엄3세(WilliamⅢ세)가 영국왕의 지위를 계승하면서 프랑스로부터 수입하는 와인이나 브랜디의 관세를 대폭 인사하자 노동자들은 값싼 술을 찾던 중 네덜란드에서 종교전쟁에 참전하였던 영국 병사들이 귀향하면서 제네바를 가지고 와 급속도로 영국에 전파가 되어 Dry Gin으로 이름도 바뀌게 되었다.

그 후 앤(Ann)여왕이 즉위하면서 누구라도 자유롭게 진을 제조할 수 있게 법률을 바꿈으로써 1725년 5백만 갤런으로 소비가 늘어나게 되었으며, 1831년 연속식증류기로 진을 대량 생산하는 데 성공하면서 네덜란드에서 영국으로 옮겨오게 되고, 런던드라이진이 칵테일용으로 가장 많이 사랑받게 되었다.

2. 진의 제조과정

1) 영국 진(England Gin)

곡류(호밀, 옥수수, 보리)를 혼합→당화→발효→1차증류(연속식증류)→향료첨가→2차증류(단식증류)→희석→병입

2) 네덜란드 진(Netherlands Gin)

곡류(호밀, 옥수수, 보리)를 혼합→당화→발효→향료첨가→단식증류(2~3회)→단기저장→희석→병입

3. 진의 분류

1) 네덜란드 진(Holland Gin/Geneva Gin)

향미가 짙고 맥아의 향취가 남아 있는 타입으로 홀랜드 진 또는 주네바라고도 한다. 런던드라이진에 비해 단맛을 가지고 있고 단식증류기로 2~3회 증류한다. 네덜란드인은 제네바(Genever)라 부른다.

2) 영국 진(London Dry Gin)

영국 진은 세계적으로 호평을 받고 가장 많이 애음되고 있는 술로서, 드라이 진이라고도 한다. 연속식증류기로 증류하여 향료를 첨가한 후 다시 단식증류기로 증류한다.

3) 미국 진(American Dry Gin)

영국에서 보급된 미국 진은 매우 순하고 부드럽게 만들어져 칵테일의 기본주로 사용되면서 널리 알려지게 되었다.

4) 독일 진(German Gin)

독일산 맥아를 주원료로 사용하여 근대적인 증류법인 단식증류기로 양조한 것으로 네덜란드의 진과 매우 유사한 것이 특징이다.

5) 플레이버드 진(Flavored Gin)

혼성 진은 향료 성분을 미리 추출하여 알코올과 혼합하는 방법으로 만들어지는 일종의 혼성주를 말한다. 두송자 대신 과일, 약초, 뿌리 등을 첨가한다.

6) 올드 탐 진(Old Tom Gin)

드라이 진에 2% 정도의 당분을 넣어서 만들어진 감미가 나는 진이다.

7) 슬로진(Sloe Gin)

증류주에 슬로베리(Sloe berry)를 침지해, 설탕을 더해 숙성시킨 후 여과한 진이다.

4. 진의 특징

① 진은 두 번의 증류를 통하여 불순물이 완전히 제거된 증류주이다.

② 진은 저장 · 숙성을 하지 않는다.

③ 특유한 방향성의 무색 · 투명한 증류주이다.

④ 드라이 진(Dry Gin)은 감미가 없는 증류주이다.

⑤ 다른 술이나, 리큐어, 주스 등과 잘 어울린다.

5. 진의 유명상표

① 비피터 진(Beefeater Gin)

② 골든스 진(Gordon's Gin)

③ 탱그레이 진(Tanqueray's Gin)

④ 봄베이 진(Bombay Gin)

IV   보드카(Vodka)

1. 보드카의 역사

보드카는 11~12세기경 러시아 농민들이 추위를 견디기 위해서 만들기 시작하였다. 처음에는 주로 벌꿀과 호밀을 사용하였고 콜럼버스(Christopher Columbus)가 신대륙을 발견한 후부터 미국이 원산지인 감자와 옥수수가 전해져 사용되었다.

보드카(Vodka)는 슬라브 민족의 국민주라고 할 수 있을 정도로 애음되는 술이다. 무색, 무미, 무취의 술로써 칵테일의 기본주로 많이 사용한다.

이러한 보드카는 혹한의 나라 러시아인들에게는 몸을 따뜻하게 하는 수단으로 마셔왔으며, 노동자나 귀족계급 할 것 없이 누구나 즐겨 마시는 술이었다.

러시아어로 '지제니즈 붜타(zhizenniz voda : 생명의 물)'에서 그 후 15세기경에는 붜타(Voda : 물)이라 불렸고, 16세기경부터 워드카라 불리게 되었는데, 18세기경부터 영어식 발음으로 보드카(Vodka)가 되었다.

2. 보드카의 제조과정

원료는 주로 감자, 고구마, 밀, 보리 등을 당화 발효시켜 양조한다. 주로 감자를 이용하여 보드카를 만들고, 연속식 증류기를 사용하여 알코올 농도 95%의 주정으로 증류하여 물과 희석시킨 다음 자작나무 활성탄으로 여과시킨다. 마지막으로 모래를 통과하여 여과시키는데 이 여과과정을 통해 무색, 무미, 무취의 보드카가 된다.

3. 보드카의 특징

① 보드카는 저장 · 숙성하지 않는다.
② 무색, 무미, 무취의 3대 특징이 있다.
③ 자작나무 활성탄으로 여과시킨다.
④ 공정이 간단하고 원가가 저렴하여 주스나 탄산음료 같은 부재료와 잘 조화를 이뤄 칵테일 기주로 많이 사용된다.

4. 보드카의 분류

① 중성 보드카(Netural Vodka)

• 무색투명한 보드카
• 별도의 숙성 없이 바로 증류수로 희석시켜서 병입한 제품
• 칵테일의 베이스로 많이 이용된다.

② 골드 보드카(Gold Vodka)

• 증류 후 여과 과정을 거친 후 일정기간 오크통에 저장한다.
• 숙성을 통해 연한 황갈색을 띤다.

③ 즈브로우카(Zubrovka)

• 폴란드에서 생산되는 보드카이다.
• 병속에 풀잎이 들어있다.

• 관목의 잎을 첨가하여 엷은 갈색과 소박한 맛을 곁들인 화주이다.

④ 플레버드 보드카(Flavored Vodka)

• 보드카에 여러 고실의 맛과 향을 입힌 보드카이다.

• 원료 : 오렌지, 레몬, 라임, 민트 등 다양하다

5. 보드카의 유명상표

① 러시아 보드카(Russian Vodka)

Russian Vodka의 유명상표

Moskovskaya, Stolichnaya, Stolovaya, Pertsovka 등이 있다.

② 미국 보드카(American Vodka)

American Vodka의 유명상표

Smirnoff, Samovar, Hiram's Walker 등이 있다.

③ 영국 보드카(England Vodka)

Gordon's, Gilbey's 등이 있다.

④ 기타 보드카(Flavored Vodka)

Zubrowka(즈브로우카)

폴란드 산으로 즈보로우카초를 담가 만든다. 황 녹색이고 병 속에 풀잎이 떠있어 유명하다. 40°~50°의 주 정도이다.

Naliuka(날리우카)

보드카에 과일을 배합한 것인데 과일의 종류에 따라 여러 가지 종류의 것이 있다.

Starka(스타르카)

크리미아 지방에서 나오는 배나 사과 잎을 담가 만든 갈색의 보드카이다. 풍미를 좋게 하기 위하여 소량의 브랜디를 첨가한다. 주정도는 43°이다.

Jazebiak(야제비아크)

보드카에 도네리코의 묽은 열매를 첨가한 핑크색이다. 주정도는 50°이다.

Limonnaya(리몬나야)

주정도 40°로 레몬 향을 첨가했다. 황색으로 아주 향기롭다.

01 진(Gin)에 대한 설명 중 틀린 것은?

㉮ 진의 원료는 대맥, 호밀, 옥수수 등
   곡물을 주원료로 한다.

㉯ 무색, 투명한 증류주이다.

㉰ 증류 후 1~2년간 저장(Age)한다.

㉱ 두송자(Juniper berry)를 사용하여
   착향시킨다.

02 Gin에 대한 설명으로 틀린 것은?

㉮ 저장, 숙성을 하지 않는다.

㉯ 생명의 물이라는 뜻이다.

㉰ 무색, 투명하고 산뜻한 맛이다.

㉱ 알코올 농도는 40~50% 정도이다.

03 두송자를 첨가하여 풍미를 나게 하는 술은?

㉮ Gin 　　　 ㉯ Rum

㉰ Vodka 　　 ㉱ Tequila

04 다음은 어떤 증류주에 대한 설명인가?

> 곡류와 감자 등을 원료로 하여 당화시킨
> 후 발효하고 증류한다. 증류액을 희석하
> 여 자작나무 숯으로 만든 활성탄에 여과
> 하여 정제하기 때문에 무색, 무취에 가까
> 운 특성을 가진다.

㉮ Gin 　　　 ㉯ Vodka

㉰ Rum 　　　 ㉱ Tequila

05 보드카와 관련이 없는 것은?

㉮ colorless, Odorless, Tasteless

㉯ Voda, 러시아

㉰ 감자, 고구마

㉱ 이탄, 사탕수수

06 다음 중 저장, 숙성(aging)시키지 않는 증류
주는?

㉮ Scotch Whisky

㉯ Brandy

㉰ Vodka

㉱ Bourbon Whisky

07 다음 증류주에 대한 설명으로 틀린 것은?

㉮ 진은 곡물을 발효 증류한 주정에 두
   송나무 열매를 첨가한 것이다.

㉯ 데킬라는 멕시코 원주민들이 즐겨
   마시는 풀케(pulque)를 증류한 것이다.

㉰ 보드카는 무색, 무취, 무미하며 러시
   아인들이 즐겨 마신다.

㉻ 럼의 주원료는 서인도제도에서 생산 되는 자몽(grapefruit)이다.

08 다음 증류주 중에서 곡류의 전분을 원료로 하지 않은 것은?

㉮ 진   ㉯ 럼

㉹ 보드카   ㉻ 위스키

V 럼(Rum)

1. 럼의 역사

럼

서인도제도가 원산지인 럼은 사탕수수의 생성물을 발효, 증류, 저장시킨 술로써 독특하고 강렬한 향미가 있고 남국적인 야성미를 갖추고 있으며 '해적의 술'이라고도 한다.

럼이 처음 만들어지기 시작한 것은 17세기경 카리브해역의 바베이도스(Barbados)섬에 영국인들이 이주하여 사탕수수를 이용해 럼을 만들기 시작했다는 것이 시초 또는 16세기경 푸에르토리코(Puerto Rico)에 도착한 스페인의 탐험가들에 의해 사탕수수를 이용하여 럼을 만든 것이 시초라고도 한다. 이후 18세기에 항해기술의 발전으로 카리브해를 무대로 빈번하게 활약했던 대영제국의 해적들에 의해 점점 보급되고 노예의 몸값을 럼으로 주는 식민정책(삼각무역)으로 인해 더욱 성장하게 된다. 문헌상 1740년경 괴혈병을 예방하기 위해 에드워드 바논(Edward Banon)이라는 제독이 럼에 물을 탄 것을 군함에 보급품으로 지급했다는 기록이 있다. 또한 1805년 트라팔가 해전에서 나폴레옹 1세의 함대를 대파하여 승리로 이끈 넬슨제독이 전사하게 되자 사체의 부패를 막기 위해 럼주 술통 속에 넣어 런던으로 옮겨졌다는 기록이 있다. 영국 사람들은 넬슨의 충성심을 찬양하기 위해 Dark Rum을 '넬슨의 피'라고 불렀다 한다.

2. 럼의 원료

사탕수수에서 설탕을 만들고 난 찌꺼기인 당밀(Molasses)을 이용하여 발효, 증류시켜 만든 증류주이다.

3. 럼의 종류

1) 헤비 럼(Heavy Rum)

다크 럼(Dark Rum)이라고도 하며, 감미가 강하고 짙은 갈색으로 특히 자메이카산이 유명하다.

2) 미디움 럼(Medium Rum)

Heavy Rum과 Light Rum의 중간색으로 서양인들이 위스키나 브랜디의 색을 좋아하는 기호에 맞추어 카라멜(Caramel)로 착색하기도 하며, 감미와 향이 조금 있다. 미디움 럼은 골드 럼(Gold Rum)이라고도 한다.

주요상품 : 바카디골드(Bacardi gold), 올드오크(Old Oak), 네그리타(Negrita)

3) 라이트 럼(Light Rum)

라이트 럼은 화이트 럼(White Rum)이라고도 하며, 풍미가 가볍고, 담색 또는 무색으로 칵테일베이스로 가장 많이 사용되고 있다. 쿠바(Cuba), 푸에르토리코 산이 제일 유명하다.

주요상품 : 바카디 라이트(Bacardi Light), 그린 아일랜드(Green Island), 올드 자메이카(Old Jamaica), 핑가폰탈(Pinga Pontal)

VI ● 데킬라(Tequila)

1. 데킬라의 역사

데킬라의 원산지는 멕시코의 중앙 고원지대에 위치한 제2의 도시인 라다하라 교외에 데킬라라는 마을이 있으며 여기서 멕시코 인디안들에 의해 생산되기 시작하였다.

멕시코의 여러 곳에서 유사한 증류주를 생산하는데 이를 Mezcal(메즈칼)이라고 부른다. 이러한 Mezcal중에서 데킬라 마을에서 생산되는 것만을 데킬라(Tequila)라고 부르며 어원도 마을 이름에서 유래되었다.

2. 데킬라의 원료

용설란의 일종인 아가베(Agave)에서 당분을 추출해 발효시킨 Pulque(풀케)를 증류하여 오크통 속에서 숙성해 활성탄으로 정제한 것을 메즈칼이라 하고, 이 메즈칼 중에서도 데킬라 마을에서 생산된 것만 데킬라 상표를 표기할 수 있다.

3. 데킬라의 분류

1) 데킬라 블랑코(Tequila Blanco)

오크통에서 숙성하지 않은 것으로 증류 후 스테인레스 탱크로 단기간 저장한 것만으로 병입한다. 데킬라의 대부분은 이 화이트 데킬라이다.

2) 데킬라 호벤(Tequila Joven)

숙성시키지 않은 데킬라나 카라멜로 착색한 것이다.

3) 데킬라 레포사도(Tequila Reposado)

오크통의 향미로 인해 옅은 황금색을 띠고 짙은맛이 특징으로 스트레이트로 즐겨 마신다.

4) 데킬라 아네호(Tequila Anejo)

원료는 아가베가 100%이다. 스페인어로 올드를 뜻한다. 최소 1년 이상 3년 미만을 숙성한 것이다.

5) 데킬라 레알레스(Tequila Reales)

프리미엄 데킬라로 오크통에서 7년 이상 숙성 시켜 맛이 매우 부드럽다.

4. 데킬라의 특징

1) Pulque(풀케)

6종 이상 Agave Plant를 사용하여 수액을 발효시킨 양조주 스페인의 멕시코 정복 이전부터 애용되어 온 멕시코의 국민주이다.

2) Mezcal(메즈칼)

수종의 아가베 플랜트(Agave Plant)로부터 채취된 수액의 발효액, 즉 풀케(Pulque)를 증류한 것으로써 여러 지방에서 생산된다. (영어표기; Mescal)

3) Tequila(데킬라)

메즈칼(Mezcal)과는 두 가지 차이점이 있다. 하나는 아가베 데킬라(Agave Tequila)라고 하는 단 한 종의 아가베(Agave)만을 사용하는 것과 다른 하나는 테킬라 마을에서 생산되는 메즈칼(Mezcal)만을 데킬라라고 칭하고 있다. (All Tequila is Mezcal, But not all Mezcal is Tequila)

5. 데킬라의 유명상표

Jose Cuervo(호세쿠엘보), Two Fingers(투핑거스), Pepe Lopez(페페로페즈), Sauza(사우자), Monte Alban(몬테알반) 등이 있다.

VII 아쿠아비트(Aqua vit)

1. 아쿠아비트의 정의

북유럽 스칸디나비아 지방의 특산주로 감자를 주원료로 맥아를 당화, 발효시켜 만든 증류주이며, 증류한 후 95% 알코올을 추출하여 물을 타서 희석시켜 만든다.

캐러웨이 종자로 향을 내며, 아니스 종자, 비타오렌지 등을 사용하는 경우도 있다.

아쿠아비트

2. 아쿠아비트의 제조과정

감자와 맥아를 당화, 발효 시키는 두 가지의 제조방법이 있으며 발효 후 연속식 증류기로 증류하고 약초를 더해 2차 증류를 한다. 그 후 향을 낸다. 보통 오크통 숙성은 하지 않는다.

북유럽에서는 아쿠아비트를 차게 해서 스트레이트로 마시는 것이 일반적이다.

3. 아쿠아비트의 유명상표

- 덴마크 : 올버그(Aalborg)
- 노르웨이 : 보멀룬더(Bommerlunder)
- 스웨덴 : 스카네(Skane), O.P 앤더슨(O.P Anderson)

기출문제

01 풀케(pulque)를 증류해서 만든 술은?

㉮ 럼　　　　　㉯ 보드카

㉰ 데킬라　　　㉱ 아쿠아비트

02 다음 중 멕시코산 증류주는?

㉮ Cognac　　　㉯ Johnnie Walker

㉰ Tequila　　　㉱ Cutty Sark

03 다음 중 Tequila와 관계가 없는 것은?

㉮ 용설란　　　㉯ 풀케

㉰ 멕시코　　　㉱ 사탕수수

04 프리미엄 데킬라의 원료는?

㉮ 아가베 아메리카나

㉯ 아가베 아즐 데킬라

㉰ 아가베 아트로비렌스

㉱ 아가베 시럽

05 데킬라에 대한 설명으로 알맞게 연결된 것은?

> 최초의 원산지는 (①)로서 이 나라의 특산주이다. 원료는 백합과의 (②)인데 이 식물에는 (③)이라는 전분과 비슷한 물질이 함유되어 있다.

㉮ ①멕시코, ②풀케, ③루플린

㉯ ①멕시코, ②아가베, ③이눌린

㉰ ①스페인, ②아가베, ③루플린

㉱ ①스페인, ②풀케, ③이눌린

06 아쿠아비트(Aquavit)에 대한 설명 중 틀린 것은?

㉮ 감자를 당화시켜 연속 증류법으로 증류한다.

㉯ 마실때는 차게 하여 식후 주에 적합하다.

㉰ 맥주와 곁들여 마시기도 한다.

㉱ 진의 제조 방법과 비슷하다.

07 감자를 주원료로 해서 만드는 북유럽의 스칸디나비아 술로 유명한 것은?

㉮ Aquavit　　　㉯ Calvados

㉰ Steinhager　　㉱ Grappa

CHAPTER 03 혼성주

1. 혼성주의 정의와 역사

혼성주(Liqueur)는 과일이나 곡류를 발효시킨 주정을 기포로 하여 증류한 Spirits에 정제한 설탕으로 감미를 더하고 과실이나 약초류, 향료 등 초근 목피의 침출물로 향미를 붙인 혼성주이다. 즉, 색채, 향기, 감미, 알코올의 조화가 잡힌 것이 리큐어의 특징이다. 식후 주로 즐겨 마시며 간장, 위장, 소화불량 등에 효력이 좋은 술이다.

혼성주의 역사로는 고대 그리스의 의사인 히포크라테스(기원전 460~1315) 때에도 약용으로 사용되어 오던 것을 증류에 의한 리큐어를 최초로 만든 것은 아르노브 빌누브(Arnaude de Villeneuve, 1235~1312)에 의해서였다.

2. 혼성주의 제조방법

1) 증류법(Distilled Process)

방향성물질을 강한 주정에 담아 우려내 다음 침출액을 단식 증류법으로 다시증류한 후 설탕 또는 시럽의 용액 등의 염료를 첨가해 감미와 색을 낸다.

2) 침출법(Infusion Process)

증류하면 변질될 수 있는 원료(과일, 약초, 향료)를 주정에 넣어 열을 가하지 않고 일정기간동안 우려내 향미성분을 용해시키는 방법이다.

3) 에센스법(Essence Process)

원료로부터 향유를 추출한 후 주정과 혼합하여 만들어낸다.

4) 여과법(Percolation Process)

기계 윗부분에 재료(향료)를 놓고 증류주를 밑에 놓은 후 열을 가해 증기가 향료를 통해 지나가면서 얻은 증류주에 당분을 가미하고 색을 첨가하여 다시 여과하는 방법이다.

3. 혼성주의 종류

1) 과일 리큐어(오렌지)

① 쿠앵트로(Cointreau)

오렌지의 에센스를 추출하여 브랜디와 혼합하여 만든 술이다.

② 큐라소(Curacao)

오렌지 향기가 강한 리큐르이다. 주정도는 단 것이 30°, 달지 않은 것은 37°내외이다.

③ 그랑 마니에르(Grand Marnier)

3~4년 숙성시킨 꼬냑에 오렌지 껍질을 배합하여 재 숙성시켜 만든 리큐르이다. caraway seed(회향풀 씨)를 사용하여 만들며, Gin과 같은 술이다.

④ 트리플 섹(Triple Sec)

오렌지를 원료로 한 것으로 Triple Sec이란 세 번 증류하였다는 뜻이다. 햇볕에 잘 말린 아이티산 오렌지를 만 하루 동안 알코올에 침출시켜 만드는 프랑스산 리큐어였지만, 지금은 네덜란드와 미국에서도 생산되고 있다.

2) 과일 리큐어(체리)

① 체리 히어링(Cherry Heering)

덴마크산 Black cherry로 만들어진 것으로 향기가 짙다.

② 체리브랜디(Cherry Brandy)

체리를 주원료로 하여 시나몬, 클로브등의 향료를 침전시켜 만드는 리큐어이다. 알코올 함량은 25~39%이다.

③ 마라스키노(Maraschino)

마라스카종의 체리를 이용하여 발효한 후 세 번을 증류, 숙성 시킨 원액에 물, 시럽을 첨가하여 만든 투명한 리큐어이다.

3) 과일 리큐어(기타)

① 에프리코트 브랜디(Apricot Brandy)

살구와 향료를 첨가하여 당분과 함께 침지법을 사용하여 아몬드 성분을 첨가하여 만든 리큐어이다.

② 슬로 진(Sloe Gin)

슬로베리로 맛을 내어 감미가 적고 약간 신맛이 나는 리큐르이다.

③ 피치트리(Peach Tree)

주정에 복숭아를 첨가하여 만든 리큐어이다. 알코올 함량은 17%이다.

④ 미도리(Midori)

일본 산토리사에서 생산하는 제품으로 멜론을 주원료로 진하고 농후한 머스크멜론의 풍미가 특징이다.

⑤ 애플퍼커(Apple Pucker)

신맛이 있는 서양 초록사과를 침출시켜 만든 리큐어이다.

⑥ 바나나(Banana)

바나나 향미를 침지하여 만든 리큐어로 프랑스에서는 크렘 드 바나나(Cream de Bananas)로 불린다.

4) 종자 리큐어(Beans & Kernels Liqueur)

① 깔루아(Kahlua)

멕시코의 커피 리큐르로서 커피열매, 코코아 열매, 바닐라 등으로 만든 술이다.

② 크렘 드 카카오(Cream de Cacao)

'Cream'이란 '최상'이라는 뜻이고 브랜디에 과일, 약초 등을 첨가하여 만든 술이다. 코코아씨가 주원료로 주정도는 25~30°이며 brown과 white가 있다.

③ 아마레또(Amaretto)

살구씨를 브랜디에 침지한 후 엑기스 분을 추출하여 여러 종의 향초를 블렌딩하여 숙성시켜 만들며, 쓴맛을 보완하기 위해 아몬드를 후 첨가하기도 한다.

④ 티아 마리아(Tia Maria)

자마이카산 블루마운틴 커피를 주원료로 사탕수수 증류주에 바닐라와 당분을 혼합하여 만든 커피 리큐어로 최고급품이다.

5) 허브 리큐어(Herbal Liqueur)

① 베네딕틴 디오엠(Benedictine D.O.M)

1510년경 프랑스의 한 수도원에서 성직자가 만든 술로서, 꼬냑에 허브 향료를 첨가하여 만들었다. D.O.M은 라틴어 "Deo Optimo Maximo"의 약어인데 "최고로 좋은 것을 신에게 바친다."라는 뜻이다.

② 갈리아노(Galliano)

산뜻한 향미의 이 술은 이탈리아에서 만들며 병모양이 긴 것이 특징이다. 술의 이름은 이탈리아 '앤다재수스'라는 요새를 영웅적으로 방어한 '갈리아노'라는 소령의 이름에서 유래되었다.

③ 아니세트(Anisette)

1755년 마리 브리자드 회사에서 만든 것이 시초이며, 아니스열매와 레몬껍질, 코리앤더 등의 향을 첨가한 리큐어로 맛이 강한편이다.

④ 삼부카(Sambuca)

아니스열매와 팔각의 열매를 혼합하여 만들고, 증류 과정 후에는 스테인레스통에 숙성하여 무색, 투명하고 경쾌한 풍미의 리큐어이다.

⑤ 압생트(Absinthe)

"녹색의 마주"라고 불리는 압생트는 아니스 열매를 주원료로 감초, 쑥 외 여러 종의 약초와 향료를 배합하여 만든 술로, 특징은 물을 가하면 탁해지고 햇빛을 받으면 일곱 색으로 변하는 것이다. 1915년 프랑스 정부는 신비스러운 향미와 높은 알코올 함량으로 인해 중독 될 경우 정신장애와 극도의 불안감등의 부작용으로 제조와 판매를 금지하기도 했다.

⑥ 비앤비(B&B)

프랑스가 원산지이며, 베네딕틴과 코냑을 혼합한 리큐어이다.

⑦ 캄파리(Campari)

식전용 리큐어로 60여 가지의 식물껍질, 키니네, 대황뿌리, 인삼, 오렌지 껍질 등을 사용하여 쓴맛이 강한 리큐어로 건위강장, 식욕증진 효과가 있다.

6) 기타 리큐어

① 드람뷔이(Drambuie)

드람뷔이는 "사람을 만족시킨다."라는 뜻을 가지고 있고, 스카치위스키에 꿀을 넣어 만든 술이다.

② 베일리스(Bailey's)

아이리쉬 위스키에 크림, 초콜릿 등을 원료로 만든 크리미한 리큐어로 위스키의 향과 초콜릿의 풍미와 아이리쉬 크림의 부드러움이 조화를 이룬 제품이다.

③ 앙고스트라 비터(Angostura Bitter)

강장, 건위, 해열제로도 효과가 있고, 1824년 베네수엘라 앙고스트라(현재 명칭 보리바시)에 주둔하던 영국 육군병원 제이 지 비 시거트 박사가 도수가 높은 럼에 많은 약초와 향료를 배합하여 만든 쓴맛이 강한 술이다. 초기에는 약용이었다.

④ 아드보카트(Advocaat)

네덜란드에서 브랜디에 노른자와 허브, 설탕을 혼합하여 만든 농후한 크림 리큐어이다. 에그브랜디(Egg Brandy)라고도 하며 아드보카트란 네덜란드어로 '변호사'란 뜻이다.

기출문제

01 슬로우 진(Sloe Gin)의 설명 중 옳은 것은?

㉮ 리큐어의 일종이며 진(Gin)의 종류이다.

㉯ 보드카에 그레나딘 시럽을 첨사한 것이다.

㉰ 아주 천천히 분위기 있게 먹는 칵테일이다.

㉱ 오얏나무 열매 성분을 진에 첨가한 것이다.

02 다음 중 혼성주가 아닌 것은?

㉮ Apricot brandy

㉯ Amaretto

㉰ Rusty nail

㉱ Anisette

03 살구의 냄새가 나는 달콤한 증류주가 어느 것인가?

㉮ Apricot brandy

㉯ Anisette

㉰ Cherry brandy

㉱ Amer

04 오렌지를 주원료로 만든 술이 아닌 것은?

㉮ Triple Sec

㉯ Tequila

㉰ Cointreau

㉱ Grand Marnier

05 다음 리큐어 중 그 용도가 다른 것은?

㉮ 드람뷔이

㉯ 갈리아노

㉰ 시나

㉱ 꾸앵트로

06 혼성주에 대한 설면으로 오렌지 껍질을 원료로 만들어지는 술의 이름은?

㉮ 깔루아

㉯ 크림 드 카카오

㉰ 큐라소

㉱ 드람뷔이

07 리큐어(Liqueur)의 제조법과 가장 거리가 먼 것은?

㉮ 블렌딩법(Blenging)

㉯ 침출법(Infusion)

㉰ 증류법(Distillation)

㉱ 에센스법(Essence process)

08 다음은 어떤 리큐어에 대한 설명인가?

> 스카치산 위스키에 히스꽃에서 딴 봉밀과 그 밖에 허브를 넣어 만든 감미 짙은 리큐어로 러스티 네일을 만들 때 사용된다.

㉮ Cointreau

㉯ Galliano

㉰ Chartreuse

㉱ Drambuie

09 Benedictine의 Bottle에 적힌 D.O.M의 의미는?

㉮ 완전한 사랑

㉯ 최선 최대의 신에게

㉰ 쓴맛

㉱ 순록의 머리

10 오렌지 과피, 회향초 등을 주원료로 만들며 알코올 농도가 23% 정도가 되는 붉은 색의 혼성주는?

㉮ Beer

㉯ Drambuie

㉰ Campari Bitters

㉱ Cognac

11 오렌지나 레몬을 사용한 혼성주가 아닌 것은?

㉮ Sambuca

㉯ Cointreau

㉰ Grand Marnier

㉱ Lemon Gin

12 다음 중 Bitters란?

㉮ 박하냄새가 나는 녹색의 색소

㉯ 칵테일이나 기타 드링크류에 사용하는 향미제용 술

㉰ 야생체리로 착색한 무색투명한 술

㉱ 초코렛 맛이 나는 시럽

13 다음 주류 중 Bitters 가 아닌 것은?

㉮ Campari   ㉯ Underberg

㉰ Jagermeister   ㉱ Kirsch

14 증류법에 의해 만들어지는 달고 색이 없는 리큐어로 캐러웨이씨, 쿠민, 회향 등을 첨가하여 맛을 내는 것은?

㉮ Kummel

㉯ Arnaud de Villeneuve

㉰ Benedictine

㉱ Dom Perignon

15 프랑스어로 수도원, 승원이라는 뜻으로 리큐어의 여왕이라 불리는 것은?

㉮ Chartreuse

㉯ Benedictine D.O.M

㉰ Campari

㉱ Cynar

16 혼성주에 대한 설명 중 틀린 것은?

㉮ 칵테일 제조나 식후주로 사용된다.

㉯ 발효주에 초근목피의 침출 물을 혼합하여 만든다.

㉰ 색채, 향기, 감미, 알코올의 조화가 잘 된 술이다.

㉱ 혼성주는 고대 그리스 시대에 약용으로 사용되었다.

17 커피를 주 원료로 만든 리큐어는?

㉮ Grand Marnier

㉯ Benedictine

㉰ Kahlua

㉱ Sloe Gin

18 다음 리큐어(Liqueur) 중 베일리스가 생산되는 곳은?

㉮ 스코틀랜드　　㉯ 아일랜드

㉰ 잉글랜드　　　㉱ 뉴질랜드

19 다음 중 증류주가 아닌 것은?

㉮ Whisky　　　㉯ Eau-de-Vie

㉰ Aquavit　　　㉱ Grand Marnier

정답									
1	2	3	4	5	6	7	8	9	10
㉱	㉰	㉮	㉯	㉰	㉰	㉮	㉱	㉯	㉰
11	12	13	14	15	16	17	18	19	
㉮	㉯	㉱	㉮	㉮	㉯	㉰	㉯	㉱	

CHAPTER 04 전통주

1. 전통주의 특징

술은 인류와 역사와 함께 존재하였다. 최초의 술은 과실에 의한 자연적인 발효에 의해 된 술이라 할 수 있다. 그 후 유목시대를 거쳐 농경시대에 비로소 곡류에 의한 술이 만들어져 술은 다양화 되었다. 술은 효모균이라는 미생물에 의해 알코올이 만들어지며, 전분을 분해해 주정 당분을 만들게 되는 과정을 당화라 하며 당화에 이용되는 것이 동서양이 서로 차이가 있다.

2. 전통주의 분류

전통주는 약주, 탁주, 청주, 소주, 가향주로 분류된다.

1) 탁주(濁酒)

막걸리인 탁주는 약주와 함께 가장 오랜 역사를 지니고 있으면 자가제조로 애용되었기 때문에 다양한 방법과 맛이 특징이며, 넓은 기호 층을 형성한 우리 민족의 토속주이다.

대표적 탁주는 '이화주'가 있다.

2) 약주(藥酒)

약주는 탁주의 숙성이 거의 끝날 때쯤 술독 위에 뜨는 액체 속에 '용수'를 박아 맑은 액체만 떠 낸 것이다.

약주에 속하는 술은 백하주, 향온주, 하향주, 소국주, 부의주, 첨명주, 감향주, 절주, 방문주, 석탄주, 법주 등이 있다.

3) 청주(淸酒)

청주는 양조주로서 탁주와 비교해 맑은 술이라 해서 붙여진 이름이다.

4) 소주 (燒酒)

양조주를 증류하여 이슬처럼 받아내는 술이라 하여 노주(露酒) 또는 화주(火酒)라고도 한다. 소주는 장기보관이 어려운 양조주의 단점을 보완하기 위해 발효 후 증류한 술이다.

5) 가향주 (加香酒)

가향재료(꽃, 식물의 잎)를 넣어 함께 빚는 것과 곡주에 가향재료를 침지하여 빚는 가향 입주법이 있다.

3. 지역별 전통주의 종류

1) 서울 · 경기

① 문배주

좁쌀과 수수가 원료로 사용되며, 숙취가 없고 향이 좋고 부드러운 맛을 낸다. 술의 향기가 문배나무의 과실에서 풍기는 향기와 같아 붙여진 증류식 소주이다.

② 동동주

술을 뜰 때 밥알을 띄운 것으로 마치 개미가 술에 동동 떠있는 것 같다 하여 지어진 이름이다.

③ 막걸리

막걸리는 활성효모가 많아 인체에 필요한 소화효소 및 무기물이 풍부한 것이 특징이며, 찹쌀 · 멥쌀 · 보리 · 밀가루 등을 쪄서 누룩과 물을 섞어 발효시킨 술이다.

④ 인천 칠선주

칠선주는 일곱 가지의 한약재를 첨가한 데서 지어진 것이다. 은은한 누룩 향과 부드러운 맛이 특징이다.

⑤ 계명주(鷄鳴酒)

경기도 남양주에서 생산되며 여름철 황혼녘에 술을 빚어 새벽닭이 울면 먹는다 하여 붙여진 이름이다.

⑥ 군포당정옥로주(軍浦堂井玉露酒)

서산 유씨 가문으로만 전수된 증류식 전통소주이다. 무색, 투명하고 숙취가 적은 편이다.

⑦ 약산주(藥山酒)

쌀과 누룩으로 정월에 빚어 만드는 술로 봄에 먹는 술을 춘주(春酒)라고도 한다.

⑧ 삼해주(三亥酒)

찹쌀을 발효시켜 두 번 덧술 하여 빚는 약주이다.

⑨ 사마주(四馬酒)

사마주는 찹쌀과 누룩가루로 만들며 네 번의 오일(午日)을 이용하여 담그는 술로 '1년이 넘어도 부패하지 않는 술'이라고 한다. 만드는 법은 삼해주와 같으나 네 번 술밥을 만들기 때문에 강한 약주이다.

⑩ 송절주(松節酒)

소나무 마디를 삶은 물과 쌀로 빚는 약용주이다.

2) 강원도

① 평창 감자술

백미와 감자를 쪄서 누룩으로 발효시켜 빚은 술로 여과 기술이 없었던 시기에 막걸리와 같은 탁주 형태로 마셨다.

② 율무주

제조기간을 길게 하여 저온에서 빚는 술로 최종 사입에 율무를 집어 넣은 상용약주로서 3번 사입하여 도수가 높아 장기 저장이 가능하다.

3) 충청북도

① 산성 대추술

청주 산성동 상당산성의 한옥마을에서 대대로 빚어오는 대추술로 멥쌀과 누룩, 물을 넣고 만든 밑술에 찹쌀과 멥쌀, 솔잎을 쪄서 대추 물과 약수, 누룩을 섞어 발효시켜 빚은 술이다.

② 신선주

능금과 약초를 넣어 빚은 술로 맛은 부드럽고 향은 깊고 그윽한 것이 특징이다.

③ 한산 소곡주

'앉은 뱅이술'이라 칭하기도 하는 술로 과거를 보러가던 선비들이 술잔을 기울이다, 과거 일자를 잊을 정도로 맛이 기이하다고 전해지는 술이다.

4) 충청남도

① 아산 연엽주

연잎을 곁들여 찹쌀로 빚는 술로 연엽주라 한다. 영조 때 궁중에서 제조했다고 전해진다.

② 면천 두견주(杜鵑酒)

고려 때 알려진 술로 진달래꽃잎을 섞어 담아 두견주로 불리며 진달래 향미가 특징이다.

③ 계룡 백일주

찹쌀이 주재료로 솔잎, 국화, 진달래꽃, 벌꿀을 넣어 백일 후에 맛볼 수 있는 술이라 하여 백일주라 이름지었다.

5) 전라북도

① 과하주(過夏酒)

'더운 여름을 잘 넘길 수 있다'란 의미로 과하주이며 양조주에 소주를 첨가해 도수를 높여 저장성이 좋다.

② 홍주(紅酒)

보리쌀에 누룩을 넣어 숙성 시킨 후 지초를 통과하여 붉은 색이 나는 술로 진도 홍주는 '지초주'라고도 한다.

③ 전주 이강주

소주에 울금, 배, 계피, 생강, 꿀 등을 첨가해 숙성, 여과시켜 만든 술이 이강주이다.

④ 송화 백일주

송화가루, 자행약초, 약수와 찹쌀, 멥쌀, 누룩을 섞어 100일간 발효, 숙성시켜 증류한 소주이다.

⑤ 호산춘(壺山春)

전라북도 여삼의 특산주로 여산이 '호산'이라 불리어 졌던 데서 유래된 이름이다.

6) 전라남도

① 해남 진양주

조선조 말 어주만을 전담해 만들던 최씨 할머니가 해남으로 출가해 와서 이곳의 좋은 샘물을 이용해 어주 담그는 것을 전수시킨 술이다.

7) 경상북도

① 경주 교동법주

경상북도 경주시 교동에 있는 최부자 집에서 대대로 빚어 온 술이다. 중요 무형문화재로 지정되어 우리나라 최고의 전통 토속명주로 유명하다.

② 안동소주

우리나라 3대 명주 중 하나로 안동지방의 좋은 물과 쌀로 빚어 오랜 기간 숙성 시킨 45도의 순곡 증류주이다. 한산 소곡주와 함께 증류식 순곡 소주로 유명하다.

8) 경상남도

① 송화주

솔잎이 들어가는 송엽주는 솔잎 자체에 발효성이 있어 향이 있어 솔잎을 넣어 송화주를 빚어 왔다.

② 엉겅퀴단술

엉겅퀴단술은 식혜의 일종으로 엉겅퀴 즙을 엿기름물에 삭혀 낸 단술이다.

9) 제주도

① 선인장 열매주

선인장 열매와 소주를 밀봉해서 숙성시킨 술로 숙성 후 액체만 걸러 다른병에 보관하여 마신다.

② 고소리주

우리나라 삼대 명주(제주소주, 안동소주, 개성소주) 중 하나인 고소리주는 순곡주이다.

10) 이북

① 감홍로(甘紅露)

평양을 중심으로 제조되어 왔고 소주에 약재를 넣어 우려 만든 술이다.

② 벽향주(碧香酒)

벽향주는 청주의 일종으로 쌀가루를 끓는 물과 섞어 죽을 만들어, 누룩과 섞는 과정을 3번 반복하여 숙성 시킨 술로, 푸르고 향기로운 술이란 뜻이다.

11) 기타

① 소흥주(사오싱주)

중국 8대 명주 가운데 하나로 참쌀을 보리누룩으로 발효시켜 만들 술로, 중국의 황주(黃酒) 가운데 가장 오래된 술이다.

기출문제

01 우리나라 과실주의 종류에 속하지 않는 것은?

㉮ 송자주   ㉯ 백자주

㉰ 호도주   ㉱ 계명주

02 다음에 해당되는 한국전통술은 무엇인가?

> 재료는 좁쌀, 수수, 누룩 등이고 술이 익으면 배꽃 향이 난다고 하여 이름이 붙여진 술로서 남북 장관급 회담 행사시 주로 사용되어 지는 술이다.

㉮ 안동소주   ㉯ 전주이강주

㉰ 문배주   ㉱ 교동법주

03 다음에서 설명하는 전통주는?

> • 원료는 쌀이며 혼성주에 속한다.
> • 약주에 소주를 섞어 빚는다.
> • 무더운 여름을 탈 없이 날 수 있는 술이라는 뜻에서 그 이름이 유래 되었다.

㉮ 과하주   ㉯ 백세주

㉰ 두견주   ㉱ 문배주

04 다음 중 청주의 주재료는?

㉮ 옥수수   ㉯ 감자

㉰ 보리   ㉱ 쌀

05 우리나라 고유의 술로 Liqueur에 해당하는 것은?

㉮ 삼해주   ㉯ 안동소주

㉰ 인삼주   ㉱ 동동주

06 조선시대에 유입된 외래주가 아닌 것은?

㉮ 천축주   ㉯ 섬라주

㉰ 금화주   ㉱ 두견주

07 지방의 특산 전통주가 잘못 연결된 것은?

㉮ 금산 - 인삼주

㉯ 홍천 - 옥선주

㉰ 안동 - 송화주

㉱ 전주 - 오곡주

08 다음 민속주 중 증류식 소주가 아닌 것은?

㉮ 문배주   ㉯ 이강주

㉰ 옥로주   ㉱ 안동소주

09 조선시대 정약용의 지봉유설에 전해오는 것으로 이것을 마시면 블로장생한다 하여 장수주로 유명하며, 주로 찹쌀과 구기자, 고유약초로 만들어진 우리나라 고유의 술은?

㉮ 두견주   ㉯ 백세주

㉰ 문배주   ㉲ 이강주

10 우리나라의 고유한 술 중에서 증류주에 속하는 것은?

㉮ 경주법주   ㉯ 동동주

㉰ 문배주   ㉲ 백세주

11 고려시대의 술로 누룩, 좁쌀, 수수로 빚어 술이 익으면 소주고리에서 증류하여 받은 술로 6개월 내지 1년간 숙성시킨 알코올 도수 40도 정도의 민속주는?

㉮ 문배주   ㉯ 한산소곡주

㉰ 금산 인삼주   ㉲ 이강주

정답

1	2	3	4	5	6	7	8	9	10
㉲	㉰	㉮	㉲	㉰	㉲	㉲	㉯	㉯	㉰

11									
㉮									

비알코올성 음료

1. 청량음료(Soft Drinks)

청량음료는 마실 때에 청량감을 주는 음료로 탄산음료와 무탄산음료로 나누어진다. 탄산음료에는 탄산가스가 포함된 것으로 콜라, 사이다, 환타, 토닉워터, 소다수, 칼린스 믹스, 진저엘 등이 있다. 무탄산 음료에는 일반적으로 일반수(경수, 연수)와 광천수(에비앙, 셀처, 비시, 페리에)를 가리킨다.

2. 영양음료(Nutritious Drink)

영양음료는 영양성분이 많이 함유된 음료로 건강에 이로운 것이다.

일반적으로 영양음료라고 할 수 있는 것은 야채나 과즙 음료로서 주스, 우유 등이 있다. 또한 과일주스는 생과즙(Fresh)과 캔 과즙(Canned)으로 나눌 수 있다.

우유와 발효음료는 우유(초유, 살균유, 멸균유), 크림(지방 함량 30% 이하는 라이트 크림/36% 이상은 헤비크림), 요거트(우유에 젖산균 접종·발효 제품) 등이 있다.

3. 기호음료(Favorite Drink)

기호음료는 식전이나 식후에 즐겨 마시는 커피류나 차류를 말한다. 커피는 보통 커피와 무 카페인 커피로 나뉘어지며, 차의 종류에는 홍차, 녹차 등이 있으며, 우리나라 각종 전통차가 이에 속한다.

이 같은 기호음료는 식후음료 또는 칵테일의 부재료로도 사용할 수 있다.

1) 커피(Coffee)

우리나라와 대부분이 앵글로섹슨족, 게르만족 계통의 국가에서는 커피에 설탕과 크림을 타서 마시는 것이 보통이며, 이탈리아, 아라비아 등지의 국가에서는 진하게 만들어 조그만 컵(Demitasse)에 블랙으로 마시는 것이 특징이다.

프랑스에서는 큰 컵에 커피와 우유를 반식 섞어 마시는데 이것을 까페오레(Cafe au lait)라고 한다. 그리고 스코틀랜드 지방에서는 커피에 위스키와 크림을 넣어 마시기도 한다.

커피의 종류는 순수 커피 종류와 커피와 술이 첨가된 알코올성 커피로 분류되는데 살펴보면 다음과 같다.

(1) 비알코올 커피(Non Alcoholic Coffee)

- 필터커피(Fillter Coffee) : 커피 기계를 통해 제공하는 커피
- 레귤러 커피(Regular Coffee) : 일반적인 커피
- 아메리칸 커피(American Coffee) : 연한 커피
- 에스프레소 커피(Espresso Coffee) : 이태리식 농축 커피
- 디카페인 커피(De Caffeine Coffee) : 카페인이 없는 커피
- 카페오레(Cafe au lait) : 커피와 우유를 반반 섞은 커피
- 비엔나 커피(Vienna Coffee) : 위풍크림 또는 아이스크림을 얹은 커피
- 카푸치노 커피(Capuccino Coffee) : 커피와 우유, 코코아가루를 섞고 그 위에 위풍 크림을 얹은 커피

(2) 알코올성 커피(Alcoholic Coffee)

- 로얄커피(Royal Coffee) : 브랜디를 넣은 커피
- 깔루아 커피(Kahlua Coffee) : 리큐르 깔루아를 넣은 커피
- 트로피칼 커피(Tropical Coffee) : 럼과 레몬을 넣은 커피
- 아이리쉬 커피(Irish Coffee) : 아이리쉬 위스키와 크림을 넣은 커피

2) 차(茶 : Tea)

차는 어린잎을 어떻게 발효하느냐에 따라 녹차, 홍차, 우롱차 세 가지로 분류하며, 뜨거운 차와 차가운 티(Ice Tea)로 제공된다.

- 홍차(Black Tea) : 잎을 끓이지 않고 말려서 검은 색으로 변하는 차
- 녹차(Green Tea) : 잎을 끓여 발효를 방지하여 녹색을 유지하는 차

• 우롱차(Oolong Tea) : 반 발효시킨 차로 홍차의 강건함과 녹차의 섬세함을 결합 시킨 차

3) 주스류(토마토, 오렌지, 파인애플, 딸기 등)

4. 기능성 음료(Functionality)

• 스포츠 음료 : 알칼리성 음료, 이온음료

• 에너지 음료 : 에너지 드링크

• 비타민 음료 : 비타민 성분 함유

• 자양강장 음료 : 피로회복을 위해 마시는 음료(박카스)

• 다이어트 음료 : 다이어트 효과를 높이는 보조제

• 숙취해소 음료 : 알코올분해 효소가 들어있는 음료

• 식이섬유 음료 : 식이성분과 섬유질 성분 함유

• 알칼리성음료 : 이온음료, 알칼리 성분 및 이온 성분

기출문제

01 커피에 대한 설명으로 틀린 것은?

㉮ 아라비카종의 원산지는 에티오피아 이다.

㉯ 초기에는 약용으로 사용하기도 했다.

㉰ 발효와 숙성 과정을 통하여 만들어 진다.

㉱ 카페인이 중추신경을 자극하여 피로 감을 없애준다.

02 차와 코코아에 대한 설명으로 틀린 것은?

㉮ 차는 보통 홍차, 녹차, 청차로 분류 된다.

㉯ 차의 등급은 잎의 크기나 위치 등에 크게 좌우된다.

㉰ 코코아는 카카오 기름을 제거하여 만든다.

㉱ 코코아는 사이폰(syphin)을 사용하 여 만든다.

03 커피의 맛과 향을 결정하는 중요 가공 요소 가 아닌 것은?

㉮ Roasting　　㉯ Blending

㉰ Grinding　　㉱ Maturating

04 다음 중 기호음료 아닌 것은?

㉮ 오렌지주스　　㉯ 커피

㉰ 코코아　　㉱ 티

05 커피 생산량이 가장 많은 나라는?

㉮ 이디오피아　　㉯ 브라질

㉰ 멕시코　　㉱ 콜롬비아

06 커피의 3대 원종이 아닌것은?

㉮ 아라비카종

㉯ 로부스타종

㉰ 리베리카종

㉱ 수마트라종

07 생강을 주원료로 만든 것은?

㉮ 진저엘　　㉯ 토닉워터

㉰ 소다수　　㉱ 파워에이드

08 다음 품목 중 청량음료에 속하는 것은?

㉮ 탄산수　　㉯ 생맥주

㉰ 톰칼린스　　㉱ 진피즈

09 Ginger ale에 대한 설명 중 틀린 것은?

㉮ 생강의 향을 함유한 소다수이다.

㉯ 알코올 성분이 포함된 영양 음료이다.

㉰ 식욕증진이나 소화제로 효과가 있다.

㉱ Gin이나 Brandy와 조주하여 마시기도 한다.

10 사과로 만들어진 양조주는?

㉮ Camus Napoleon

㉯ Cider

㉰ Kirschwasser

㉱ Anisette

11 스카치 위스키는 다음 중 어떤 음료를 혼합하는 것이 가장 좋은가?

㉮ Cider

㉯ tonic water

㉰ soda water

㉱ collins mixed

12 탄산음료에서 탄산가스의 역할이 아닌 것은?

㉮ 당분분해

㉯ 청량감 부여

㉰ 미생물의 발효저지

㉱ 향기의 변화 보호

13 소다수에 대한 설명 중 틀린 것은?

㉮ 인공적으로 이산화탄소를 첨가한다.

㉯ 식욕을 돋우는 효과가 있다.

㉰ 레몬에이드를 만들 때 넣으면 청량감 효과가 있다.

㉱ 과즙과 설탕·소다를 넣어 제조한다.

정답									
1	2	3	4	5	6	7	8	9	10
㉰	㉱	㉱	㉮	㉯	㉱	㉮	㉮	㉯	㉯
11	12	13							
㉰	㉮	㉱							

Part 3

칵테일 기초/테크닉

제1장 · 칵테일

칵테일
아티스트
경영사의
이해

1. 칵테일의 어원

칵테일(Cocktail)에 관한 어원은 전 세계에 걸쳐 수많은 설이 있다. 그러나 현재에 와서는 어느 것이 정설인지는 정해져 있지 않다. 이에 그들의 설 중, 한 가지를 간단히 소개해 보기로 한다.

미국 독립전쟁 당시 버지니아(verginia)기병대 '패트릭후래나건'이라는 한 아일랜드 인이 입대하게 되었다. 그러나 그 사람은 입대한 지 얼마 되지 않아서 전사하고 말았으며, 그의 부인 '베치이'라는 여자는 남편의 부대에서 부대주보의 경영을 담당하게 되었다.

그녀는 특히 브레이서(Bracer)라고 부르는 혼합주를 만드는데 소질이 있어 군인들의 호평을 받았다. 그러던 어느 날 그녀는 한 반미 영국인 지주의 정원에 숨어 들어가 아름다운 꼬리를 지닌 수탉을 훔쳐와 그 고기를 병사들에게 먹였으며, 그 수탉의 꼬리털을 주장의 브레이서 병에 꽂아 장식하여 두었다. 그 날 장교들은 닭의 꼬리와 브레이서로 밤을 새워 춤을 추면서 즐겼는데, 어느 한 장교가 병에 꽂힌 Cock's tail을 보고 "야! 그 Cock's tail 멋있군!"하고 감탄을 하니 역시 술 취한 한 다른 장교가(자기들이 지금 마신 혼합주의 이름이 Cock's tail인 줄 알고)그 말을 받아서 말하기를 "응, 정말 멋있는 술이야!"라고 응수했다 한다. 그 이후부터 이 혼합주인 브레이서(Bracer)를 칵테일이라 부르게 되었다는 것이다.

2. 칵테일의 역사

술을 여러 가지의 재료를 섞어 마신다고 하는 생각은 벌써 오래 전부터 전해왔는데 술중에서도 가장 오래된 맥주는 기원전부터 벌써 꿀을 섞기도 하고 대추나 야자열매를 넣어 마시는 습관이 있었다고 한다.

생각해 보면 이것은 훌륭한 칵테일 조제행위인 것이다. 즉, 음료를 혼합하여 즐긴다는 습관은 옛날부터 있었던 것이며, 그것은 거의 인간에 구비된 선천적인 습성이라 할 수 있다.

중세 이후 브랜디나 위스키 또는 진, 럼, 리큐르 등의 출현에 의해 Mixed Drink의 종류는 일거에 확대되었으며, 1700년경에는 이미 서구에서 이와 같은 음료를 마시고 있었다.

현재 우리들이 마시고 있는 칵테일은 그 대부분이 제조과정에서 얼음을 사용하여 반드시 차가운 상태로 나온다. 이처럼 차가운 칵테일은 1870년대 이후의 산물인 것이다. 이후 제1차 세계대전 당시 미국 군대에 의해 유럽에 전파되었고 미국의 금주법이 1933년 해제되자 칵테일의 전성기를 맞이하였으며, 제2차 세계대전을 계기로 세계적인 음료가 되었던 것이다. 이처럼 역사는 깊고, 모습은 새로운 것이 현재의 칵테일인 것이다.

3. 칵테일의 분류

1) 용량에 따른 분류

(1) 쇼트 드링크(Short Drinks)

180ml(6oz)미만의 용량이 적은 글라스로 내는 음료이며, 주로 술과 술을 섞어서 만든다. 이것은 좁은 의미의 칵테일에 해당하며 이름 뒤에 칵테일을 붙여서 표기하기도 하고 부르기도 한다. (예 : Manhattan Cocktail)

(2) 롱 드링크(Long Drink)

180ml(6oz)이상의 용량 글라스로 내는 음료이며, 얼음을 2~3개 넣는 것이 상식이다. 얼음이 녹기 전에 마시면 되는데, 소다수를 사용한 것은 탄산가스가 빠지면 청량감이 없어지므로 되도록 빨리 마시는 것이 좋다. (예 : Sloe Gin Fizz, Tom Collins 등)

2) 맛에 따른 분류

① 드라이 칵테일(Dry Cocktail) : 당분을 함유하고 있지 않은 칵테일
② 스윗 칵테일(Sweet Cocktail) : 단맛을 함유한 칵테일
③ 사워 칵테일(Sour Cocktail) : 신맛을 함유한 칵테일

3) 용도에 따른 분류

① 식전 칵테일(Aperitif Cocktail) : 식사 전 식용증진을 위한 칵테일(드라이 마티니, 맨하탄, 캄파리 소다)

② Before Dinner : 정찬 전 마시는 칵테일로 드라이하다.

③ 식후 칵테일(After Dinner Cocktail) : 식후주로 단맛을 지닌 칵테일(알렉산더, 아이리쉬 커피, 스팅거)

4) 형태에 따른 분류

① 하이볼(High Ball)

증류주나 각종 양주를 탄산음료와 섞어 하이볼글라스(High Ball Glass)에 나오는 일반적인 롱 드링크를 일컫는 의미로 사용되고 있다. (예 : Whisky Soda, Gin Tonic 등)

② 피즈(Fizz)

피즈란 탄산가스가 공기 중에 유입할 때 '피식'하는 소리를 나타내는 의성어로서, 주로 소다수 등을 사용한다. (예 : Gin Fizz, Cacao Fizz 등)

③ 사워(Sour)

레몬주스를 다량으로 사용한 음료로 사워(Sour)란 '시큼한'이란 뜻이며, 일반적으로 레몬주스와 소다수를 넣어서 만든다. (예 : Whisky Sour, Gin Sour 등)

④ 펀치(Punch)

주로 큰 파티 장소에서 많이 이용된다. 큰 펀치볼에 덩어리 얼음을 넣고 두 가지 이상의 주스나 청량음료와 두 가지 이상의 술을 넣고 만드는 것이며, 지역이나 계절의 특성을 최대한 살릴 수 있다. (예 : Sherry Punch, Gin Rickey, Fruit Punch 등)

⑤ 콜린스(Collins)

영국에서 시작된 음료로 연회에 초대된 고객에게 감사의 인사로 만들어지기 시작, 처음 만든 사람의 이름을 따서 콜린스라 부른다.

⑥ 온 더 락스(On the Rocks)

올드 패션드 글라스에 얼음을 제공하여 술을 따라 마시는 것을 뜻한다.

⑦ 스트레이트(Straight Up)

혼합하지 않고 그대로 마시는 것을 뜻한다.

⑧ 쿨러(Cooler)

차갑고 청량감이 있는 음료로서 갈증 해소에 좋다. (예 : Gin Cooler, Wine Cooler 등)

⑨ 에그 넉(Egg Nog)

크리스마스 음료로서 계란이나 우유가 함유된 영양가 높은 음료이다. (예 : Brandy Egg Nog 등)

4. 칵테일 만드는 기법

칵테일의 조주방법은 크게 5가지로 나눌 수 있다.

1) 쉐이크(Shake /Shaking), 흔들다

쉐이커(Shaker)에 필요한 재료와 얼음을 함께 넣고 손으로 잘 흔들어서(용해, 혼합, 냉각) 글라스에 따라주는 방법이다.

2) 빌드(Build/Building), 직접 넣기

글라스에 직접 얼음과 재료를 넣어 바스푼으로 휘저어 만든 것으로 하이볼 류가 이 방법에 의해 조주된다.

3) 스터(Stir/Stirring), 휘젓다

믹싱 글라스(Mixing Glass)에 필요한 재료와 얼음을 함께 넣고, 바 스푼(Bar Spoon)으로 잘 저어서 스트레이너(Strainer)로 얼음을 걸러서 만드는 방법이다. 대표적인 칵테일은 마티니(Martini)를 들 수 있다.

4) 플로트(Float/Floating), 띄우다

플로팅 기법으로는 2가지가 있는데, 첫째는 얼음을 사용하지 않고 글라스에 바로 따라주는 것으로 푸스카페(Pousse Cafe) 종류로 엔젤스 키스(Angel's kiss)와 레인보우(Rainbow) 같은 것을 만드는 것이며, 다른 한 가지는 칵테일을 만들 때 마지막으로 위에 뿌려서 독특한 색과 맛을 내는 것으로 데킬라 선라이즈(Tequila Sunrise)와 같은 것을 만드는 것이다.

5) 블렌드(Blend/Blending), 섞다

전기 블렌더에 필요한 재료와 각 얼음(Crushed Ice)을 함께 넣고 전동으로 돌려서 만드는 방법으로 트로피컬 음료(Tropical Drinks) 종류를 주로 만들며, 혼합하기 힘든 과실 등의 고체류를 쉽게 혼합하기 위해 이러한 방법으로 만든다.

5. 칵테일 부재료

1) 얼음(Ice)

① 블럭 아이스(Block Ice) : 1kg 이상의 덩어리 얼음을 말한다.
② 럼프 아이스(Lump Ice) : 블록 아이스 보다는 작은 덩어리로 언 더 락 스타일의 칵테일에 사용된다.
③ 크랙트 아이스(Cracked Ice) : 아이스픽으로 깨서 만든 깨진 얼음이다.
④ 큐브 아이스(Cube Ice) : 네모반듯한 정육면체 얼음이다.
⑤ 크러쉬드 아이스(Crushed Ice) : '두들겨 으깨다'라는 의미로 콩알 크기의 얼음이다.
⑥ 쉐이브드 아이스(Shaved Ice) : 가루얼음을 뜻하는 것으로 빙수용 얼음이 그것이다.

2) 시럽(Syrup)

① 플레인 시럽(Plain Syrup) : 설탕과 물을 끓여 만든 시럽으로 슈가 시럽, 심플시럽이라고도 한다.
② 그레나딘 시럽(Grenadine Syrup) : 당밀에 석류를 원료로 해서 만든 붉은 색의 시럽으로 칵테일에 붉은 색과 감미를 위해 많이 사용한다.
③ 기타 시럽 : 검시럽, 메이플 시럽, 라즈베리 시럽, 민트류 시럽, 종자류 시럽 등이 있다.

3) 과일과 야채류(Fruit & Vegetable)

• 레몬 : 감귤류의 일종이며 칵테일에 과즙과 장식으로 사용한다.

- 라임 : 신맛과 쓴맛이 레몬보다 강하다.
- 그레이프프루트 : 독특한 신맛으로 인해 과즙과 장식으로 사용한다.
- 파인애플 : 쌍떡잎식물 파인애플과의 상록 여러해살이풀로 칵테일에서 과즙과 장식으로 사용한다.
- 체리 : 달콤한 칵테일에 장식으로 사용한다.
- 올리브 : 스태프드 올리브가 많이 쓰인다.
- 어니언 : 칵테일에는 펄 어니언(Pear Onion)이란 식초에 절인 양파를 칵테일 장식에 사용한다. (예 : 깁슨)
- 샐러리 : 칵테일에는 줄기 부분만 사용한다.

4) 허브와 스파이스류(Herb & Spice)

- 넛맥 : 계란, 크림, 유제품 등의 비린 맛을 제거 할 때 사용한다.
- 시나몬 : 스틱 타입은 머들러(muddler)의 역할도 하며, 파우더타입으로도 사용된다.
- 클로브 : 핫 드링크에 사용하며 강한 향미가 특징이다.
- 페퍼 : 흑후추는 쓴맛이 강하고, 백후추는 향이 강하다.
- 민트 : 칵테일에는 민트 잎의 끝부분을 주로 사용한다.
- 우스터소스 : 식초, 고추 추출액, 설탕, 앤초비 등을 넣고 숙성시켜 만든 소스
- 타바스코 소스 : 고추를 사용한 매운 소스
- 소금 : 칵테일의 프로스트 기법에 사용된다.
- 설탕 : 모양과 형질에 따라 사용되며, 칵테일에는 각설탕, 가루설탕, 시럽을 많이 사용한다.

6. 칵테일 조주용 기구

1) 쉐이커(Shaker)

혼합하기 힘든 재료를 잘 섞는 동시에 냉각시키는 도구이며, 캡(Cap), 스트레이너(Strainer), 바디(Body) 세 부분으로 구성되어 있다. 쉐이커의 재질은 양은, 크롬도금, 스테인리스, 유리 등이 있으나, 다루기 쉽고 관리하기 쉬운 점에서는 스테인리스가 가장 좋다.

2) 믹싱 글라스(Mixing Glass)

비중이 가벼운 것 등 비교적 혼합하기 쉬운 재료를 섞거나, 칵테일을 투명하게 만들 때 사용하며, 바 글라스(Bar Glass)라고도 한다.

3) 바 스푼(Bar Spoon)

재료를 혼합시키기 위해 사용하는 자루가 긴 스푼으로 믹싱 스푼(Mixing Spoon)이라고도 한다.

4) 스트레이너(Strainer)

스터(Stir) 기법으로 칵테일 조주시 글라스에 옮길 때 믹싱 글라스 가장자리에 대고 안에 든 얼음을 막는 역할을 한다.

5) 믹서(Mixer)

혼합하기 어려운 재료를 섞거나 프론즌 스타일의 칵테일을 만들 때 사용한다.

6) 지거(Jigger)

칵테일 조주 시 술의 재료 계량에 사용한다. 보통 윗부분을 1oz(약 30ml)의 스탠다드지거(Standard jigger)를 사용하며, 메저컵(Measure Cup)이라고도 한다.

7) 코르크스크류(Corkscrew)

와인 등의 코르크 마개를 따는 도구이다.

8) 스퀴저(Squeezer)

레몬이나 오렌지 등의 감귤류의 과즙을 짜기 위한 용기이다.

9) 오프너(Opener)

병마개를 따는 도구로서 캔 오프너와 같이 붙어 있는 것도 있으나 병마개를 딸 때 통조림 따개의 칼날에 손을 다치는 경우가 있으므로 따로 있는 것이 좋다.

10) 기타

아이스 픽, 아이스 크러셔, 아이스 페일, 아이스 텅, 칵테일 픽, 머들러, 스트로우, 푸어러, 제스터, 글라스 림머, 글라스 홀더, 비터 바틀, 와인 쿨러 앤 스탠드, 코스터, 바 타월, 칵테일 냅킨 등이 있다.

7. 칵테일 글라스류(Cocktail Glassware)

바에서 통상 사용되는 글라스는 크게 두 가지로 분류되는데, 그 하나는 원통형의 텀블러(Tumbler)와 다리가 짧고 발이 달린 푸티드 글라스(Footed Glass), 손으로 잡기 편하게 긴 다리가 있는 스탠드 글라스(Stemmed Glass)가 있다. 여기에서 또 각종 글라스의 종류가 나누어진다. 그리고 그 유형이나 모양을 일정치 않고 약간씩 변형되어 여러 가지 형태로 만들어진다.

글라스의 형태에 따라 칵테일의 시각적인 맛이 좌우되므로 지정된 글라스를 올바르게 선택하여 사용해야 한다.

글라스의 종류로는 위스키 글라스, 하이볼 글라스, 올드패션, 콜린스 글라스, 비어 글라스, 리큐르 글라스, 셰리 글라스, 칵테일 글라스, 사워 글라스, 와인 글라스, 샴페인 글라스, 고블렛, 브랜디 글라스 등이 있다.

1) 용도에 따른 글라스의 분류

(1) 칵테일 글라스(Cocktail Glass)

발레리나를 연상케하는 모양을 가지고 있고, 칵테일에 가장 많이 쓰이고 있으며, 마티니(Martini)글라스라고도 불리운다.

(2) 샴페인 글라스(Champagne Glass)

튤립형과 소서형 두 종류가 있다.

(3) 사워 글라스(Sour Glass)

브랜디, 위스키 사워 칵테일에 사용된다.

(4) 리큐어 글라스(Liqueur Glass)

리큐어나 스피리츠 마실 때 사용되는 글라스이다. 코디얼(Cordial)글라스라고도 불린다.

(5) 와인 글라스(Wine Glass)

레드와 화이트글라스 등이 있다.

(6) 샷 글라스(Shot Glass)

스트레이트 글라스(Straight glass)라고도 하며, 증류주를 스트레이트로 마실 때 사용한다.

(7) 올드패션 글라스(Old Fashioned Glass)

온 더 락(on the Rocks) 글라스이다.

(8) 하이볼 글라스(Highball Glass)

8~10oz의 텀블러 글라스로 진토닉, 진피즈의 칵테일 글라스로 사용하고 있다.

(9) 콜린스 글라스(Collins Glass)

12oz 텀블로 글라스로 하이볼이라고도 한다.

(10) 브랜디 글라스(Brandy Glass)

시각, 청각, 후각을 이용해 식후에 마시는 브랜디에 사용하는 튤립형 글라스이다. 스니프터 글라스(Snifter Glass)라고도 한다.

(11) 고블렛 글라스(Goblet Glass)

고객에게 물을 제공할 때 사용하는 글라스이다.

(12) 필스너 글라스(Pilsner)

체코 필스너 맥주를 마실 때 사용되던 글라스이며, 맥주의 거품이 유지되는 글라스이다. 롱 드링크 칵테일 조주 시 사용된다.

(13) 셰리 글라스(Sherry Glass)

스페인 셰리 와인용이며, 플로팅 칵테일 조주 시 사용되는 글라스이다.

(14) 아이리쉬커피 글라스(Irish Coffee Glass)

뜨거운 온도에도 잘 견딜 수 있게 만들어진 잔으로 열전도를 피하기 위해 손잡이가 있는 글라스이다. 아이리쉬 커피 칵테일 조주 시 사용되는 글라스이다.

(15) 마가리타 글라스(Margarita Glass)

프로즌 스타일의 마가리타 칵테일을 만들 때 사용되는 글라스이다.

2) 글라스의 명칭

림(Rim), 보울(Bowl) or 바디(Body), 스템(Stem), 풋(Foot) or 베이스(Base)

3) 글라스 보관(손질)시 주의점

(1) 유리제품이므로 포개어 놓지 않는다.
(2) 글라스는 육류창고에 보관하지 않는다.
(3) 엎어서 보관한다.
(4) 직사광선, 열, 연기, 가스, 습기, 불쾌한 냄새가 나는 곳은 피해 보관한다.
(5) 냉동실에 오랫동안 얼려 놓지 않는다.
(6) 중성세제를 사용한다.
(7) 물기 및 얼룩을 제거하여 광을 낸다.

01 다음 중 Shaker의 부분이 아닌 것은?

㉮ Cap   ㉯ Screw

㉰ Strainer   ㉱ Body

02 비중이 가볍고 잘 섞이는 술이나 부재료를 유리제품인 믹싱글라스에 아이스큐브와 함께 넣어 바스푼을 사용하여 재빨리 잘 휘저어 조주하는 방법은?

㉮ Stirring

㉯ Shaking

㉰ Blending

㉱ Floating

03 싱글(Single)이라 하면 술 30ml 분의 양을 기준으로 한다. 그러면 2배인 60ml의 분량을 의미하는 것은?

㉮ Finger

㉯ Dash

㉰ Drop

㉱ Double

04 1 quart는 몇 ml에 해당되는가?

㉮ 약 60ml

㉯ 약 240ml

㉰ 약 760ml

㉱ 약 950ml

05 다음에서 글라스(Glass) 가장 자리의 스노우 스타일(Snow Style)장식 칵테일로 어울리지 않는 것은?

㉮ Kiss of Fire

㉯ Margarite

㉰ Chicago

㉱ Grasshopper

06 쿨러(Cooler)의 종류에 해당하지 않는 것은?

㉮ Jigger Cooler

㉯ Cup Cooler

㉰ Beer Cooler

㉱ Wine Cooler

07 목재 머들러(wood muddler)의 용도는?

㉮ 스파이스나 향료를 으깰 때 사용한다.

㉯ 레몬을 스퀴즈 할 때 사용한다.

㉰ 칵테일을 휘저을 때 사용한다.

㉱ 브랜디를 띄울 때 쓴다.

08 Bar Spoon의 사용방법 중 맞는 것은?

㉮ Garnish를 Setting할 때 사용하는 스푼이다.

㉯ 칵테일을 만들 때 용량을 재는 도량 도구이다.

㉰ 휘젓기(Stir)를 할 때 가볍게 돌리면 서 젓도록 하기 위하여 중간 부분이 나선형으로 되어 있다.

㉱ Glass에 얼음을 담글 때 사용하는 기구이다.

09 다음 중 바에서 꼭 필요하지 않은 기구는?

㉮ 글라스 냉각기

㉯ 전기 믹서기

㉰ 얼음 분쇄기

㉱ 아이스크림 제조기

10 주류를 글라스에 담아서 고객에게 서브할 때 글라스 밑받침으로 사용하는 것은?

㉮ Stirrer ㉯ Decanter

㉰ Cutting board ㉱ Coaster

11 다음 칵테일 중 각종 주류를 플로팅(Float-ing)하는 것은?

㉮ 롭 로이 ㉯ 엔젤스 키스

㉰ 마가리타 ㉱ 스크류 드라이버

12 칵테일의 기능에 따른 분류 중 롱 드링크(Long drink)가 아닌 것은?

㉮ 피나콜라다(Pina Colada)

㉯ 마티니(Martini)

㉰ 톰 칼린스(Tom Collins)

㉱ 치치(Chi-Chi)

13 위스키가 기주로 쓰이지 않은 칵테일은?

㉮ 뉴욕 ㉯ 롭 로이

㉰ 블랙러시안 ㉱ 맨하탄

14 칵테일 부재료로 사용되고 매운 맛이 강한 향료로서 주로 토마토주스가 들어가는 칵테일에 사용되는 것은?

㉮ 넛맥 ㉯ 타바스코 소스

㉰ 민트 ㉱ 클로브

15 혼합하기 어려운 재료를 섞거나 프로즌 드링크를 만들 때 쓰는 기구 중 가장 적합한 것은?

㉮ 쉐이커 ㉯ 브랜더

㉰ 믹싱글라스 ㉱ 믹서

16 일반적으로 양주병에 80proof라고 표기되어 있는 것은 알코올도수 몇 도에 해당하는가?

㉮ 주정도 80%(80도)라는 의미이다.

㉯ 주정도 40%(40도)라는 의미이다.

㉰ 주정도 20%(20도)라는 의미이다.

㉱ 주정도 10%(10도)라는 의미이다.

17 맨하탄 칵테일을 담아 제공하는 글라스로 가장 적합한 것은?

㉮ 샴페인 글라스

㉯ 칵테일 글라스

㉰ 하이볼 글라스

㉱ 온더락 글라스

18 일반적으로 스테인리스 재질로 삼각형 컵이 등을 맞대고 있으며, 바에서 칵테일 조주 시 술이나 주스, 부재료 등의 용량을 재는 기구는?

㉮ 바스푼 ㉯ 머들러

㉰ 스트레이너 ㉱ 지거

19 진(Gin) 베이스로 들어가는 칵테일이 아닌 것은?

㉮ Gin Fizz

㉯ Screw Driver

㉰ Dry Martini

㉱ Gibson

20 다음 중 Onion 장식을 하는 칵테일은?

㉮ 마가리타 ㉯ 마티니

㉰ 롭로이 ㉱ 깁슨

21 칵테일 조주 시 레몬이나 오렌지 등을 즙으로 짤 때 사용하는 기구는?

㉮ 스퀴저 ㉯ 머들러

㉰ 쉐이커 ㉱ 스트레이너

22 칵테일의 기본이 아닌 것은?

㉮ Building ㉯ Stirring

㉰ Floating ㉱ Flair

23 조주시 필요한 쉐이커(Shaker)의 3대 구성 요소의 명칭이 아닌 것은?

㉮ 믹싱 ㉯ 보디

㉰ 스트레이너 ㉱ 캡

24 다음 중 디켄더(Decanter)와 가장 관계있는 것은?

㉮ Red Wine ㉯ White Wine

㉰ Champagne ㉱ Sherry Wine

25 칵테일을 만들 때 「Would you like it dry?」 에서 dry의 뜻은?

㉮ not wet ㉯ sweet

㉰ not sweet ㉱ wet

26 Martini에 가장 기본적인 장식 재료는?

㉮ 체리 ㉯ 올리브

㉰ 오렌지 ㉱ 자두

27 Rob Roy를 주조할 때는 일반적으로 어떤 술을 사용하는가?

㉮ Rye Whisky

㉯ Bourbon Whisky

㉰ Canadian Whisky

㉱ Scotch Whisky

28 1쿼터는 몇 온스를 말하는가?

㉮ 1온스 ㉯ 16온스

㉰ 32온스 ㉱ 38.4온스

29 스팅거(Stinger)를 제공하는 유리잔(Glass)의 종류는?

㉮ 하이볼 글라스

㉯ 칵테일 글라스

㉰ 올드 패션드 글라스

㉱ 사워 글라스

30 바에서 사용하는 기구로 술병에 꽂아 소량으로 일정하게 나오게 하는 기구는 무엇인가?

㉮ Pourer   ㉯ Muddler

㉰ Corkscrew   ㉱ Squeezer

31 칵테일 조주시 재료의 비중을 이용해서 섞이지 않도록 하는 방법은?

㉮ Stir 기법   ㉯ Build 기법

㉰ Blend 기법   ㉱ Float 기법

32 와인을 오픈할 때 사용하는 기물로 적당한 것은?

㉮ Cork screw

㉯ White Napkin

㉰ Ice Tong

㉱ Wine Basket

33 바(bar) 기물이 아닌 것은?

㉮ Stirer

㉯ Shaker

㉰ Bar Table Cloth

㉱ Jigger

34 브랜디 글라스(Brandy Glass)에 대한 설명 중 틀린 것은?

㉮ 튤립형의 글라스이다.

㉯ 향이 잔속에서 휘감기는 특징이 있다.

㉰ 글라스를 예열하여 따뜻한 상태로 사용한다.

㉱ 브랜디는 글라스에 가득 채워 따른다.

35 칵테일 글라스의 3대 명칭이 아닌 것은?

㉮ 베이스(Base)   ㉯ 스템(Stem)

㉰ 보울(Bowl)   ㉱ 캡(Cap)

36 다음 중 와인 base 칵테일이 아닌 것은?

㉮ Kir   ㉯ Blue hawaiian

㉰ Spritzer   ㉱ Mimosa

37 다음 중 old fashioned의 일반적인 장식용 재료는?

㉮ 올리브   ㉯ 크림, 설탕

㉰ 레몬껍질   ㉱ 오렌지, 체리

38 B&B를 주조할 때 어떤 glass에 benedictine을 붓는가?

㉮ Shaker   ㉯ mixing glass

㉰ liqueur glass   ㉱ Decanter

39 시럽이나 비터(bitters) 등 칵테일에 소량 사용하는 재료의 양을 나타내는 단위로 한번 뿌려주는 양을 말하는 것은?

㉮ toddy   ㉯ double

㉰ dry   ㉱ dash

40 다음 중 1pony의 액체 분량과 다른 것은?

㉮ 1oz   ㉯ 30ml

㉰ 1pint   ㉱ 1shot

41 다음 중 칵테일을 만드는 기법이 아닌 것은?

㉮ Blend   ㉯ Shake

㉰ Float   ㉱ Sour

42 칵테일을 만드는 기법 중 "stirring"에서 사용하는 도구와 거리가 먼 것은?

㉮ Mixing glass

㉯ bar spoon

㉰ shaker

㉱ strainer

43 Floating method에 필요한 기물은?

㉮ bar spoon   ㉯ coaster

㉰ ice pail   ㉱ shaker

44 다음 중 연결이 잘못된 것은?

㉮ ice pick : 얼음을 잘게 부술 때 사용

㉯ Squeezer : 과즙을 짤 때 사용

㉰ pourer : 주류를 따를 때 흘리지 않도록 하는 기구

㉱ ice tong : 얼음제조기

45 다음 중 vodka base cocktail은?

㉮ paradise cocktail

㉯ million dollars

㉰ bronx cocktail

㉱ kiss of fire

46 Choose the best answer for the blank.

An alcoholic drink take before a meal as an appetizer is ( ).

㉮ hangover   ㉯ aperitif

㉰ chaser   ㉱ tequila

47 다음은 무엇에 관한 설명인가?

When making a cocktail,this is the main ingredient into which other things are added.

㉮ base   ㉯ glass

㉰ straw   ㉱ decoration

48 정찬코스에서 hors-d'oeuvre 또는 soup 대신에 마시는 우아하고 자양분이 많은 칵테일은?

㉮ After Dinner Cocktail

㉯ Before Dinner Cocktail

㉰ Club Cocktail

㉱ Night Cap Cocktail

49 주장에서 사용되는 얼음집게의 명칭은?

㉮ ice pick

㉯ ice pail

㉰ ice scooper

㉱ ice tongs

50 칵테일의 기구와 용도를 잘못 설명한 것은?

㉮ Mixing cup : 혼합하기 쉬운 재료를 섞을 때

㉯ Standard shaker : 혼합하기 힘든 재료를 섞을 때

㉰ Squeezer : 술의 양을 계량할 때

㉱ Glass holder : 뜨거운 종류의 칵테일을 제공할 때

51 다음 계량단위 중 옳은 것은?

㉮ 1Teaspoon = 1/8 oz

㉯ 1Dash = 1/20 oz

㉰ 1Jigger = 3 oz

㉱ 1Split = 10 oz

52 Gin & Tonic에 알맞은 glass와 장식은?

㉮ Collins Glass - Pineapple Slice

㉯ Cocktail Glass - Olive

㉰ Cordial Glass - Orange Slice

㉱ Highball - Lemon Slice

53 아래에서 설명하는 설탕은?

> 빙당(氷糖)이라고도 부르는데 과실주 등
> 에 사용되는 얼음모양으로 고결시킨 설탕
> 이다.

㉮ frost sugar   ㉯ granulated sugar

㉰ cube sugar   ㉱ rock sugar

54 음료를 서빙할 때에 일반적으로 사용하는 비품이 아닌 것은?

㉮ Napkin   ㉯ Coaster

㉰ Serving Tray   ㉱ Bar Spoon

55 고객이 위스키 스트레이트를 주문하고, 얼음과 함께 콜라나 소다수 등을 원하는 경우 이를 제공하는 글라스는?

㉮ Wine Decanter

㉯ Cocktail Decanter

㉰ Collins Glass

㉱ Cocktail Glass

56 Muddler에 대한 설명으로 틀린 것은?

㉮ 설탕이나 장식과일 등을 으깨거나 혼합하기에 편리하게 사용할 수 있는 긴 막대형의 장식품이다.

㉯ 칵테일 장식에 체리나 올리브 등을 찔러 사용한다.

㉰ 롱 드링크를 마실 때는 휘젓는 용도로 사용한다.

㉱ Stirring rod라고도 한다.

57 Which is the syrup made by pomegranate?

㉮ Maple Syrup

㉯ Strawberry

㉰ Grenadine Syrup

㉱ Almond Syrup

58 다음 중 가장 강하게 흔들어서 조주해야 하는 칵테일은?

㉮ Martini

㉯ Old fashion

㉰ Sidecar

㉱ Eggnog

59 Pousse cafe를 만드는 재료 중 가장 나중에 따르는 것은?

㉮ Brandy

㉯ Grenadine

㉰ Creme de menthe(white)

㉱ Creme de Cassis

60 grain whisky에 대한 설명으로 옳은 것은?

㉮ silent spirit라고도 불리운다.

㉯ 발아 시킨 보리를 원료로 해서 만든다.

㉰ 향이 강하다

㉱ Andrew Usher에 의해 개발되었다.

61 simple syrup을 만드는데 필요한 것은?

㉮ lemon   ㉯ butter

㉰ cinnamon   ㉱ sugar

62 Irish Coffee의 재료가 아닌 것은?

㉮ Irish whisky   ㉯ Rum

㉰ hot coffee   ㉱ sugar

63 다음 중 용량이 가장 작은 글라스는?

㉮ Old fashioned glass

㉯ Highball glass

㉰ Cocktail glass

㉱ shot glass

64 브랜디 글라스의 입구가 좁은 주된 이유는?

㉮ 브랜디의 향미를 한곳에 모이게 하기 위하여

㉯ 술의 출렁임을 방지하기 위하여

㉰ 글라스의 데커레이션을 위하여

㉱ 양손에 쥐기가 편리하도록 하기 위하여

65 칵테일을 만드는 방법으로 적합하지 않는 것은?

㉮ on the rock잔에 술을 먼저 붓고 난 뒤 얼음을 넣는다.

㉯ olive는 찬물에 헹구어 짠맛을 엷게 해서 사용한다.

㉰ mist를 만들 때는 분쇄얼음을 사용한다.

㉱ 찬 술은 보통 찬 글라스를, 뜨거운 술은 뜨거운 글라스를 사용한다.

66 Black Russian에 사용되는 글라스는?

㉮ Cocktail glass

㉯ Old fashioned glass

㉰ Sherry wine glass

㉱ Hi-ball glass

67 다음 중 나머지 셋과 칵테일 만드는 기법이 다른 것은?

㉮ Martini

㉯ Grasshopper

㉰ Stinger

㉱ Zoom Cocktail

68 주로 생맥주를 제공할 때 사용하며 손잡이가 달린 글라스는?

㉮ Mug glass

㉯ Highball glass

㉰ Collins glass

㉱ Manhattan

69 Old fashioned에 필요한 재료가 아닌 것은?

㉮ whisky

㉯ sugar

㉰ Angostura Bitter

㉱ Light Rum

70 백포도주를 서비스할 때 함께 제공하여야 할 기물은?

㉮ Bar Spoon ㉯ Wine cooler

㉰ Muddler ㉱ Tong

71 다음중 주로 Tropical cocktail 주조할 때 사용하며 "두들겨 으깬다."라는 의미를 가지고 있는 얼음은?

㉮ Shaved ice ㉯ Crushed ice

㉰ Cubed ice ㉱ Cracked ice

72 탄산음료나 샴페인을 사용하고 남은 일부를 보관할 때 사용되는 기구는?

㉮ 코스터 ㉯ 스토퍼

㉰ 폴러 ㉱ 코르크

73 칵테일 장식과 그 용도가 적합하지 않은 것은?

㉮ 체리 - 감미타입 칵테일

㉯ 올리브 - 쌉쌀한 맛의 칵테일

㉰ 오렌지 - 오렌지주스를 사용한 롱드링크

㉱ 셀러리 - 달콤한 칵테일

74 칵테일에 관련된 각 용어의 설명이 틀린 것은?

㉮ Cocktail pick - 장식에 사용하는 핀이다.

㉯ Peel - 과일 껍질이다.

㉰ Decanter - 신맛이라는 뜻을 가지고 있다.

㉱ Fix - 약간 달고, 맛이 강한 칵테일의 종류이다.

75 Shaker의 사용방법으로 가장 적합한 것은?

㉮ 사용하기 전에 씻어서 사용한다.

㉯ 술을 먼저 넣고 그 다음에 얼음을 채운다.

㉰ 얼음을 채운 후에 술을 따른다.

㉱ 부재료를 넣고 술을 넣은 후에 얼음을 채운다.

76 칵테일의 제조방법이 잘못된 것은?

㉮ Gibson에 사용되는 Onion은 완성된 칵테일에 잠기게 한다.

㉯ Pink lady에 사용되는 Nutmeg 가루는 다른 재료와 함께 Shaking한다.

㉰ Bloody Mary에 사용되는 Pepper는 다른 재료와 함께 Shaking한다.

㉱ Angel's Kiss에 사용되는 Red Cherry는 완성된 칵테일 잔 위에 올려놓는다.

77 칵테일을 만드는데 필요한 기구는?

㉮ tumbler   ㉯ Squeezer

㉰ coaster   ㉱ service plate

78 데킬라 오렌지주스를 배합한 후 붉은 색 시럽을 뿌려서 가라앉은 모양이 마치 일출의 장관을 연출케 하는 희망과 환희의 칵테일로 유명한 것은?

㉮ Stinger   ㉯ Tequila sunrise

㉰ Screw driver   ㉱ Pink Lady

79 다음 중 알코올성 커피는?

㉮ 카페로얄   ㉯ 비엔나 커피

㉰ 데미따세 커피   ㉱ 카페오레

80 Pilsner 잔에 대한 설명으로 옳은 것은?

㉮ 브래디를 마실 때 사용한다.

㉯ 맥주를 따르면 기포가 올라와 거품이 유지된다.

㉰ 와인 향을 즐기는데 가장 적합하다.

㉱ 역삼각형으로 발레리나를 연상하게 하는 모양이다.

81 다음 중 짝이 올바르게 짝지어진 것은?

㉮ chilling : 증류주에 단맛과 신맛을 더해 물로 희석시키는 것

㉯ sling : 급냉각시키는 것

㉰ chaser : 높은 도수의 술을 마실 때 취하는 속도를 조절하기 위한 음료

㉱ dash : 한 방울 정도

82 Cubed Ice란 무엇인가?

㉮ 부순얼음

㉯ 가루얼음

㉰ 각 얼음

㉱ 깬 얼음

83 glass rimmers의 용도는?

㉮ 소금, 설탕을 글라스 가장자리에 묻히는 기구이다.

㉯ 술을 글라스에 따를 때 사용하는 기구이다.

㉰ 와인을 차게 할 때 사용하는 기구이다.

㉱ 뜨거운 글라스를 넣을 수 있는 손잡이가 달린 기구이다.

84 칵테일 조주 시 술의 양을 계량할 때 사용하는 기구는?

㉮ Squeezer

㉯ Measure cup

㉰ Cork screw

㉱ Ice pick

85 칵테일을 맛에 따라 분류할 때 이에 해당하지 않는 것은?

㉮ 스위트 칵테일

㉯ 사워 칵테일

㉰ 슬링 칵테일

㉱ 드라이칵테일

86 칵테일의 종류에 따른 설명으로 틀린 것은?

㉮ Fizz : 진, 리큐어 등을 베이스로 하여 설탕, 진 또는 레몬주스, 소다수 등을 사용한다.

㉯ Collins : 술에 레몬이나 라임즙, 설탕을 넣고 소다수로 채운다.

㉰ Toddy : 뜨거운 물 또는 차가운 물에 설탕과 술을 넣어 만든 칵테일이다.

㉱ Julep : 레몬껍질이나 오렌지껍질을 넣은 칵테일이다.

87 칵테일 계량단위를 측정하는 기구가 아닌 것은?

㉮ Stopper

㉯ Teaspoon

㉰ Measure cup

㉱ Tablespoon

88 여러 가지 양주류와 부재료, 과즙 증을 적당량 혼합하여 칵테일을 조주하는 방법으로 가장 바람직한 것은?

㉮ 강한 단맛이 생기도록 한다.

㉯ 식욕과 감각을 자극하는 샤프함을 지니도록 한다.

㉰ 향기가 강하게 한다.

㉱ 색(color), 맛(taste), 향(flavor)이 조화롭게 한다.

89 유리제품 glass를 관리하는 방법으로 잘못된 것은?

㉮ 스템이 없는 glasss는 트레이를 사용하여 운반한다.

㉯ 한꺼번에 많은 양의 glass를 운반할 때는 glass rack을 사용한다.

㉰ 타올을 펴서 glass 밑 부분을 감싸 쥐고 glass의 윗부분을 타올로 닦는다.

㉱ glass를 손으로 운반할 때는 손가락으로 글라스를 끼워 받쳐 위로 향하도록 든다.

90 믹싱글라스의 설명 중 옳은 것은?

㉮ 칵테일 조주 시 음료 혼합물을 섞을 수 있는 기물이다.

㉯ Shaker의 또 다른 명칭이다.

㉰ 칵테일 음료 서비스에 사용되는 유리잔의 총칭이다.

㉱ 칵테일에 혼합되어지는 과일이나 약초를 mashing하기 위한 기물이다.

91 Cocktail Shaker에 넣어 조주하는 것이 부적합한 재료는?

㉮ 럼 ㉯ 소다수

㉰ 우유 ㉱ 달걀흰자

92 다음 칵테일 중 샐러리가 장식으로 사용되는 칵테일은?

㉮ Bloody Mary

㉯ Grass Hopper

㉰ Hawaiian Cocktail

㉱ Chi Chi

93 glass 취급방법으로 가장 적합한 것은?

㉮ 상단을 쥐고 서브한다.

㉯ 중간을 쥐고 서브한다.

㉰ 하단을 쥐고 서브한다.

㉱ 리밍부분을 쥐고 서브한다.

94 글라스 세척 시 알맞은 세제와 세척순서로 짝지어진 것은?

㉮ 산성세제 - 더운물 - 찬물

㉯ 중성세제 - 찬물 - 더운물

㉰ 산성세제 - 찬물 - 더운물

㉱ 중성세제 - 더운물 - 찬물

95 다음 레시피(Recipe)의 칵테일 명으로 올바른 것은?

> 드라이 진 1 1/2 oz
> 라임주스 1oz
> 슈가(파우더) 1tsp

㉮ Gimlet Cocktail

㉯ Stinger Cocktail

㉰ Dry Gin

㉱ Manhattan

96 가장 차가운 칵테일을 만들 때 사용하는 얼음은?

㉮ Shaved ice ㉯ Crushed ice

㉰ Cubed ice ㉱ lump of ice

97 매그넘 1병(Magnum bottle)의 용량은?

㉮ 1.5L ㉯ 750ml

㉰ 1L ㉱ 1.75L

98 다음 중 Aperitif의 특징이 아닌 것은?

㉮ 식욕촉진용으로 사용되는 음료이다.

㉯ 라틴어 aperire(open)에서 유래되었다.

㉰ 약초계를 사용하기 때문에 쌉쌀한 향을 지니고 있다.

㉱ 당분이 많이 함유된 단맛이 있는 술이다.

99 술의 독한 맛에 대한 표현과 거리가 먼 것은?

㉮ Strong ㉯ Dry

㉰ Hard ㉱ Straight

100 주 용어에서 패니어(pannier)란?

㉮ 데코레이션용 과일껍질을 말한다.

㉯ 엔젤스키스 등에서 사용하는 비중이 가벼운 성분을 "띄우는 것"을 뜻한다.

㉰ 레몬, 오렌지 등을 얇게 써는 것을 뜻한다.

㉱ 와인용 바구니를 말한다.

101 쉐리와인(Sherry wine)과 같은 강화와인(Fortified wine) 한 잔(1 glass)의 용량으로 가장 적합한 것은?

㉮ 1 ounce ㉯ 3 ounce

㉰ 5 ounce ㉱ 7 ounce

102 미국산 위스키의 86Proof를 우리나라 도수로 변환하면 얼마인가?

㉮ 40도 ㉯ 41도

㉰ 42도 ㉱ 43도

103 오늘날 우리가 사용하고 있는 병마개를 최
초로 발명하여 대량생산이 가능하게 한 사람
은?

㉮ William Painter

㉯ Hiram Conrad

㉰ Peter F Heering

㉱ Elijah Craig

정답									
1	2	3	4	5	6	7	8	9	10
㉯	㉮	㉱	㉱	㉱	㉮	㉮	㉰	㉱	㉱
11	12	13	14	15	16	17	18	19	20
㉯	㉯	㉰	㉯	㉯	㉯	㉯	㉰	㉯	㉱
21	22	23	24	25	26	27	28	29	30
㉮	㉱	㉮	㉮	㉰	㉯	㉱	㉰	㉯	㉮
31	32	33	34	35	36	37	38	39	40
㉱	㉮	㉰	㉱	㉱	㉯	㉱	㉰	㉱	㉰
41	42	43	44	45	46	47	48	49	50
㉱	㉰	㉮	㉱	㉱	㉯	㉮	㉯	㉰	㉱
51	52	53	54	55	56	57	58	59	60
㉮	㉱	㉰	㉱	㉯	㉯	㉰	㉰	㉮	㉮
61	62	63	64	65	66	67	68	69	70
㉱	㉯	㉱	㉮	㉮	㉯	㉮	㉮	㉰	㉯
71	72	73	74	75	76	77	78	79	80
㉯	㉯	㉰	㉰	㉮	㉯	㉯	㉯	㉮	㉯
81	82	83	84	85	86	87	88	89	90
㉰	㉰	㉮	㉯	㉰	㉱	㉮	㉱	㉱	㉮
91	92	93	94	95	96	97	98	99	100
㉯	㉮	㉰	㉱	㉮	㉮	㉮	㉱	㉱	㉱
101	102	103							
㉯	㉱	㉮							

Part 4

주장관리론

제1장 · 주장관리
제2장 · 술과 건강

칵테일
아티스트
경영사의
이해

CHAPTER 01 주장관리

1. 주장의 개념

일반적으로 주장이라고 하면 음료를 위주로 판매하는 각종 영업장을 말하는데 총칭하여 바(Bar)라고 한다. 대부분의 주장에는 바가 설치되어 칵테일을 비롯한 각종 음료가 만들어지거나 제공되기 때문이다.

'Bar'는 바텐더와 고객 사이에 가로지르는 카운터 형의 널빤지에서 유래되었다. 바(Bar)는 식당과는 달리 정신이나 기분을 회복시켜주는 공간으로서는 아늑한 분위기와 시설을 갖추고, 조명과 음악, 바 종사원(바텐더, 바 웨이트레스 등)에 의해서 영업이 이루어지는 공간이라고 할 수 있다.

2. 음료 영업장 관리

1) 음료 영업의 중요성

음료는 식당에서 음식과 곁들여 판매되는 경우도 있지만 주장에서는 주 상품으로 판매된다. 음식은 평균 재료 코스트(30~40% 수준)가 높고 주방요원의 인건비가 드는 반면에 음료는 평균 코스트(15~25% 수준)가 현저히 낮고 주방요원이 필요 없다는 점에서 공헌이익이 높다. 결국 음식은 식자재비, 인건비, 연료비 등을 제외하면 이익이 얼마 안 남는데 비하여 음료를 많이 팔게 되면 식음료 전체 이익을 올릴 수 있다는 것이다.

2) 음료 관리의 중요성

음식의 상품화는 식자재를 구매하여 조리사가 다듬고 요리를 하는 등 복잡하지만 음료의 상품화는 주방에서 만들지 않고 대부분 바(Bar) 직원이 병째로 제공하거나 간단히 조주하여 제공한다. 그러나 음료도 과학적인 관리가 요구된다.

① 각 영업장에서 사용될 음료 메뉴를 작성한다.

② 판매예측을 통한 적정재고를 관리한다.

③ 칵테일의 경우 표준 레시피를 만든다.

④ 주기적으로 품목별 또는 브랜드별 판매현황과 고객의 기호를 파악하여 대책을 수립한다.

⑤ 적정양의 표준을 정하여 음료가 허비되는 경우를 막는다.

⑥ 각 음료의 종류마다 표준 글라스를 지정하여 사용한다.

3. 바(Bar)의 조직과 직무

1) 바(Bar)의 조직과 직무

(1) 음료 지배인(Bar Manager)

① 주장의 영업에 관한 모든 관리를 책임진다.

② 음료에 대한 풍부한 지식을 가지고 부하직원을 교육시킨다.

③ 고객을 영접 및 서비스와 고객관리를 책임진다.

④ 직원들의 근무편성표를 작성하며 근무감독을 책임진다.

⑤ 음료의 재고관리와 영업일지를 점검한다.

⑥ 표준 칵테일 레시피(Recipe)를 만들어 각 업장에 있는 바텐더들에게 배부 비치하고 교육도 담당한다.

⑦ 위생 점검을 매일 실시하여 바(Bar)의 청결을 유지한다.

⑧ 영업보고자료, 각종 보고서 및 행정 업무를 책임진다.

(2) 캡틴(Captain)

① 지배인을 보좌하며, 부재 시 임무를 대신한다.

② 접객서비스의 책임을 맡고 고객으로부터 주문을 받는다.

③ 웨이터 및 웨이트레스의 담당구역을 할당하고 점검한다.

④ 영업전후의 업무 상태를 차질 없이 점검한다.

⑤ 판매하는 품목의 상품지식과 서비스에 관한 사항을 숙지한다.

⑥ 신입사원 및 실습생의 교육을 담당한다.

⑦ 상품이 제공된 후에 고객의 만족도를 체크한다.

⑧ 업장에서 필요한 매뉴얼, 긴급조치사항을 숙지한다.

⑨ 담당구역의 영업 준비 상태를 점검한다.

(3) 시니어 바텐더(Senior Bartender)

① 바(Bar) 지배인 보좌 및 주문과 서비스 담당을 지휘한다.

② 음료의 적정재고를 파악하고 보급 및 관리를 한다.

③ 바 카운터 주위를 정리정돈하고 청결을 유지한다.

④ 냉장고, 제빙기 등의 작동상태를 점검하고 적정온도 유지를 한다.

⑤ 칵테일 부재료 등을 체크한다.

⑥ 칵테일은 표준 레시피에 의해서 만들고 지정된 계량기와 잔을 사용한다.

⑦ 영업종료 후 판매현황과 재고 조사표를 작성한다.

⑧ 음료에 대한 지식과 경험을 바탕으로 신상품 개발에 힘쓴다.

⑨ 부하직원에 대한 업무 지시와 감독을 한다.

⑩ 음료에 대한 충분한 지식을 습득하고 후배 직원의 교육을 담당한다.

⑪ 바(Bar)내의 행정 및 식음료자재, 기타 소모품 등을 관리한다.

(4) 바텐더(Bartender)

① 시니어 바텐더의 업무를 보조한다.

② 바 카운터를 청소한다.

③ 음료 및 부재료, 소모품 등을 보급한다.

④ 모든 기물류의 정리정돈과 청결을 유지한다.

⑤ 규정에 의하여 칵테일을 조주한다.

⑥ 철저한 대고객 서비스에 힘쓴다.

⑦ 음료의 적정재고 확보 및 세부관리에 힘쓴다.

⑧ 고객의 음료 보관 시 적확한 표기 및 보관에 힘쓴다.

(5) 주장 웨이터/웨이트리스

① 캡틴의 업무를 보조한다.

② 서비스 담당 구역과 그 주위를 항상 정리정돈하고 청결을 유지한다.

③ 규정된 절차에 의하여 서비스 한다.

④ 기물취급법, 음료지식을 숙지하고 있어야 한다.

⑤ 판매상품에 대한 숙지 및 판매 기술 개발에 힘쓴다.

⑥ 고객의 주문 관리와 요금의 영수관계를 확인한다.

⑦ 상급자 지시에 충실하고 선후배간의 협조에 힘쓴다.

(6) 소믈리에(Sommelier)

① 와인 등 음료의 맛을 테이스팅(Tasting)하고 관리한다.

② 와인의 진열과 음료재고를 관리한다.

③ 주문 받은 와인을 규정에 의하여 서브한다.

④ 동료직원이 바쁠 때는 협조한다.

⑤ 와인에 대한 전문지식을 가지고 고객에게 와인을 추천, 판매한다.

⑥ 창고의 재고관리 및 상품수령에 힘쓴다.

4. 주장의 운영관리

1) 메뉴(Menu) 관리

메뉴란 판매상품을 기록한 차림표로서 업장의 얼굴 역할을 하는 것으로 메뉴계획 시에는 입지성, 시장성, 경제성, 생산능력, 판매가격, 노동력, 사전 마케팅, 업장규모, 인허가 조건 등을 고려하여야 하며 메뉴판 제작 시에는 시각적 디자인과 내용적 사실성이 매우 중요하다. 가격 결정시에는 경쟁가격, 시장가격, 선도추구가격, 최소판매가격 등을 고려하여 결정하여야 한다.

2) 구매(Purchasing)와 검수(Receiving) 관리

구매란 필요한 좋은 품질의 재료를 적시에 적당량을 구입하는 것을 말하며, 검수란 구매목적이나 주문에 따른 확인을 말한다.

3) 저장(Storing) 및 출고(Issuing) 관리

저장이란 입고 재료에 대한 양호한 상태유지 및 손실예방을 위한 것으로 창고저장, 냉장저장, 냉동저장 등이 있으며, 출고란 소비량과 재고량의 파악을 위한 인출 절차(선입선출)로서 구매수준에 영향을 미친다.

4) 생산(Producting) 및 서빙(Serving) 관리

생산이란 출고된 재료를 통한 상품화를 말하며, 서빙이란 부가적 서비스 환경의 연출이라 할 수 있다.

5) 회계(Accounting) 및 평가(Evaluation) 관리

회계란 손익 측면에서의 결산절차이며, 평가란 관리영역에 대한 종합 점검이라 할 수 있다.

5. 바의 시설과 기물관리

1) 바의 시설

프론트 바(Front Bar), 백 바(Back Bar), 언더 바(Under Bar)로 분류되며, 바의 시설물은 영업에 차질이 생기지 않도록 유지 관리하여야 한다.

2) 기물관리

바에서 사용되는 기물들은 즉시 사용할 수 있도록 보관, 관리하고 청소하여 청결을 유지하도록 한다.

6. 바의 수익관리

1) 총수익(Gross Profit)

총수익이란 음료판매로부터 생긴 총액에서 음료 판매에든 재료원가를 뺀 나머지 금액을 말한다.

순수익(Net Profit)은 총수익에서 모든 비용(직원의 급료, 세금, 보험료, 감가상각비)을 제한 순수히 남는 이익을 말하는데, 주장 종사원은 순수익에 대하여 큰 관심을 두지 않아도 되며 그것은 경영진에서 취급할 부분이기 때문이다.

2) 원가관리(Beverage Coast Target)

경영진에서 총 수익 액을 결정하여 제시하면 이것을 수행하기 위해서 주장요원에게 가격 목표도 결정해 줄 것이다. 가격 목표는 백분율로 표시하며 음료일 경우 30~40%로 정하는 것이 가격 책정의 기본으로 되어있다.

간단한 수식으로 나타내면 다음과 같다.

총수익 = 판매총액 − 재료원가

만약 경영진에서 주장의 총수익 목표를 60%로 정하면 그 재료비는 40%를 초과하여서는 안 되는 것이다. 총수익 목표를 50%로 설정했다면 재료비는 50%를 사용하여야 한다.

위에서 말한 40%의 재료비는 와인, 맥주, 위스키, 칵테일 등을 다 포함하여 말하는 것이다. 따라서 와인이나 맥주가 일반음료나 칵테일보다 가격이 높을 수도 낮을 수도 있다. 또한 각 음료마다 제각기 다른 가격을 가지게 된다.

3) 음료가격(Pricing Beverage)

음료가격 책정 방법은 다음과 같다. 내용물의 가격을 원하는 가격의 백분율로 나누면 된다.

예를 들어 보면 다음과 같다.

만약 25oz의 Scotch Whisky 한 병에 20,000원이고 재료비를 30%로 원한다면

20,000 ÷ 25 = 800 ·········· 1oz당 단가
800 ÷ (30/100) = 2666 ······ Scotch Whisky 1oz당 판매단가익
= 판매총액 − 재료원가

7. 고객서비스

1) 테이블 매너

① 일반적인 예절

• 레스토랑 이용 시 사전예약과 시간을 지킨다.
• 레스토랑에서는 안내원의 안내를 받아야한다.
• 여성이 착석할 때 남성이 도와준다.
• 의자는 소리 나지 않게 끌어당겨 왼쪽으로 몸을 넣으며 앉는다.
• 메뉴를 천천히 보는 것도 매너이다.
• 웨이터는 고객의 손과 발이다.

• 식사 중일 때는 나이프와 포크를 팔자로 접시에 펼쳐 놓는다.

2) 바 종사원의 자세

• 항상 규정에 의해 조주한다.
• 복장은 항상 깨끗하고 단정하며, 즐거운 표정을 지어야 한다.
• 근무 중 바 안에서의 음주와 흡연은 삼가 해야 한다.
• 먼저 온 고객의 주문에 응하고 있을 때 다른 고객에게 양해를 구해야 한다.
• 바를 찾는 모든 고객에게 항상 동일한 서비스를 제공해야 한다.
• 정성껏 근무에 임한다.

3) 주문 및 서비스 방법

• 고객을 편안하게 한다.
• 주문 시 신속하게 서비스하고, 부족한 것이 없나 주의를 살펴야 한다.
• 주문을 받을 때 그날의 주빈과 주인을 파악하여 주문받는 순서 및 주문받을 목표를 정해야 한다.
• 음료를 서비스 할 때는 항상 트레이를 사용한다.
• 고객이 입을 대는 림(Rim)부분을 잡아서는 안 된다.
• 코스터를 먼저 놓고 글라스를 놓는다.

기출문제

01 중요한 연회시 그 행사에 관한 모든 내용이나 협조 사항을 호텔 각 부서에 알리는 행사 지시서는?

㉮ Event order
㉯ Check - up list
㉱ Reservation sheet
㉲ Banquet Memorandum

02 식음료 서비스의 특성이 아닌 것은?

㉮ 제공과 사용의 분리성
㉯ 형체의 무형성
㉱ 품질의 다양성
㉲ 상품의 소멸성

03 식료와 음료를 원가관리 측면에서 비교 할 때 음료의 특성에 해당하지 않는 것은?

㉮ 저장기간이 비교적 길다.
㉯ 가격변화가 심하다.
㉱ 재고조사가 용이하다.
㉲ 공급자가 한정되어 있다.

04 프랜차이즈업과 독립경영을 비교할 때 프랜차이즈업의 특징에 해당하는 것은?

㉮ 수익성이 높다.

㉱ 사업에 대한 위험도가 높다.
㉲ 자금운여의 어려움이 있다.
㉳ 대량구매로 원가절감에 도움이 된다.

05 식품위해요소중점관리 기준이라 불리는 위생관리 시스템은?

㉮ HAPPC
㉯ HACCP
㉱ HACPP
㉲ HNCPP

06 맥주 저장관리상의 주의 사항 중 틀린 것은?

㉮ 원할한 재고 순환
㉯ 시원한 온도 유지(18℃ 내외)
㉱ 통풍이 잘되는 건조한 장소
㉲ 햇빛이 잘 들어오는 밝은 장소

07 바람직한 바텐더(Bartender) 직무가 아닌 것은?

㉮ 바(bar)내에 필요한 물품재고를 항상 파악한다.
㉯ 일일 판매할 주류가 적당한지 확인한다.
㉱ 바(bar)의 환경 및 기물 등의 청결을

유지, 관리한다.

㉥ 칵테일 조주시 지거(Jigger)를 사용 하지 않는다.

08 바에서 사용하는 House Brand의 의미는?

㉠ 널리 알려진 술의 종류

㉡ 지정 주문이 아닐 때 쓰는 술의 종류

㉢ 상품에 해당하는 술의 종류

㉣ 조리용으로 사용하는 술의 종류

09 바텐더가 Bar에서 Glass를 사용할 때 가장 먼저 체크하여야 할 사항은?

㉠ Glass의 가장자리 파손여부

㉡ Glass의 청결 여부

㉢ Glass의 재고 여부

㉣ Glass의 온도 여부

10 다음 음료의 보존기간이 긴 것부터 순서대로 올바르게 나열된 것은?

㉠ 토닉워터 - 병맥주 - 우유

㉡ 라임주스 - 우유 - 토닉워터

㉢ 병맥주 - 라임주스 - 토닉워터

㉣ 우유 - 토닉워터 - 병맥주

11 바텐더가 영업시작 전 준비하는 업무가 아닌 것은?

㉠ 충분한 얼음을 준비한다.

㉡ 글라스의 청결 도를 점검한다.

㉢ 레드와인을 냉각시켜 놓는다.

㉣ 전처리가 필요한 과일 등을 준비해 둔다.

12 바(Bar) 영업을 하기 위한 Bartender의 역할 이 아닌 것은?

㉠ 음료에 대한 충분한 지식을 숙지하 여야 한다.

㉡ 칵테일에 필요한 Garnish를 준비한다.

㉢ Bar Counter 내의 청결을 수시로 관 리한다.

㉣ 영업장의 책임자로서 모든 영업에 책임을 진다.

13 영업 종료 후 인벤토리(inventory) 작업은 누 가 담당하는가?

㉠ 칵테일 웨이트리스

㉡ 바캐시어

㉢ 바텐더

㉣ 바포터

14 샴페인과 같은 발포성 와인의 일반적인 서빙 방법은?

㉠ 6~8℃ 로 냉각시켜 서빙한다.

㉡ 12~15℃로 냉각시켜 서빙한다.

㉢ 16~18℃로 칠링시켜 서빙한다.

㉣ 20~22℃ 정도의 상온으로 서빙한다.

15 포도주를 저장 관리할 때 올바른 방법은?

㉠ 병을 똑바로 세워둔다.

㉡ 병을 옆으로 눕혀 놓는다.

㉢ 병을 거꾸로 세워 놓는다.

㉣ 병을 똑바로 매달아 놓는다.

16 바(Bar)에 대한 설명 중 틀린 것은?

㉮ 불어의 Bariere에서 왔다.

㉯ 술을 판매하는 식당을 총칭하는 의미로도 사용된다.

㉰ 종업원만의 휴식공간이다.

㉱ 손님과 바맨 사이에 가로 질러진 널판을 의미한다.

17 다음 중 일반적으로 남은 재료의 파악으로서 구매수준에 영향을 미치는 것은?

㉮ Inventory

㉯ FIFO

㉰ Issuing

㉱ Order

18 주장관리에서 핵심적인 원가의 3요소는?

㉮ 재료비, 인건비, 주장경비

㉯ 세금, 봉사료, 인건비

㉰ 인건비, 주세, 재료비

㉱ 재료비, 세금, 주장경비

19 "Straight up"이란 용어는 무엇을 뜻하는가?

㉮ 술이나 재료의 비중을 이용하여 섞이지 않게 마시는 것

㉯ 얼음을 넣지 않은 상태로 마시는 것

㉰ 얼음만 넣고 그 위에 술을 따른 상태로 마시는 것

㉱ 글라스 위에 장식을 마시는 것

20 Par Stock은 무엇을 의미하는가?

㉮ 식음료 재료저장

㉯ 식음료 예비저장

㉰ 영업에 필요한 적정재고량

㉱ 영업 후 남아 보관하여야 할 상품

21 Standard Recipe란?

㉮ 표준판매가   ㉯ 표준재고표

㉰ 표준조직표   ㉱ 표준 구매가

22 Demitasse에 대한 설명으로 틀린 것은?

㉮ 온도를 고려하여 얇게 만들어진다.

㉯ Espresso의 잔으로 사용된다.

㉰ 담는 액체의 양은 1oz 정도이다.

㉱ 내부는 곡선 형태이다.

23 일드 테스트(Yield test)란?

㉮ 산출량 실험

㉯ 종사원들의 양보 성향조사

㉰ 알코올 도수 실험

㉱ 재고조사

정답									
1	2	3	4	5	6	7	8	9	10
㉮	㉮	㉯	㉱	㉯	㉰	㉱	㉯	㉮	㉮
11	12	13	14	15	16	17	18	19	20
㉰	㉰	㉰	㉮	㉯	㉰	㉮	㉮	㉯	㉰
21	22	23							
㉯	㉮	㉮							

고객서비스영어 기출문제

01 "Dry gin merely signifies that the gin lacks ( )".

㉮ sweetness   ㉯ sourness

㉰ bitterness   ㉱ hotness

02 A: What would you like for dessert, sir?

B: No, thank you. I don't need any.

_____ .

㉮ Coffee would be fine.

㉯ That's a good idea.

㉰ I'm on a diet.

㉱ Cash or charge?

03 "Which do you like better, tea or coffee?"의 대답으로 나올 수 있는 문장은?

㉮ Tea   ㉯ Tea and coffee

㉰ Yes, tea   ㉱ Yes, coffee

04 다음 ( ) 안에 들어갈 말은?

I'll come to ( ) you up this evening.

㉮ pick   ㉯ have

㉰ keep   ㉱ take

05 Bring us another ( ) of beer, please.

㉮ around   ㉯ glass

㉰ circle   ㉱ serve

06 다음 중 의미가 다른 하나는?

㉮ Cheers!   ㉯ Give up!

㉰ Bottoms up!   ㉱ Here's to us!

07 ( )안에 가장 적합한 것은?

May I have ( ) coffee, please?

㉮ some   ㉯ many

㉰ to   ㉱ only

08 다음 문장의 ( ) 안과 같은 뜻은?

You (don't have to) go so early.

㉮ have not   ㉯ do not

㉰ need not   ㉱ can not

09 다음 영문의 ( )에 들어갈 말은?

May I ( ) you a cocktail before dinner?

㉮ put   ㉯ service

㉰ take   ㉱ bring

10 아래 문장의 의미는?

> The line is busy, so I can't put you through.

㉮ 통화 중이므로 바꿔 드릴 수 없습니다.

㉯ 고장이므로 바꿔 드릴 수 없습니다.

㉰ 외출 중이므로 바꿔 드릴 수 없습니다.

㉱ 응답이 없으므로 바꿔 드릴 수 없습니다.

11 What is an alternative form of "I beg your pardon"?

㉮ Excuse me   ㉯ Wait for me

㉰ I'd like to know ㉱ Let me see

12 "이곳은 우리가 머물렀던 호텔이다"의 표현으로 옳은 것은?

㉮ This is a hotel that we staying.

㉯ This is the hotel where we stayed.

㉰ This is a hotel it we stayed.

㉱ This is the hotel where we stay.

13 "Bring us ( ) round of beer."에서 ( )안에 알맞은 것은?

㉮ each   ㉯ another

㉰ every   ㉱ all

14 "I'm sorry, but ch. Margaux is not( ) the wine list."에서 ( )에 알맞은 것은?

㉮ on   ㉯ of

㉰ for   ㉱ against

15 "디저트를 원하지 않는다."의 의미의 표현으로 옳은 것은?

㉮ I am eat very little.

㉯ I have no trouble with my dessert.

㉰ Please help yourself to it.

㉱ I don't care for any dessert.

16 "This milk has gone bad"의 의미는?

㉮ 이 우유는 상했다.

㉯ 이 우유는 맛이 없다.

㉰ 이 우유는 신선하다.

㉱ 우유는 건강에 나쁘다.

17 다음은 어떤 혼성주에 대한 설명인가?

> The great proprietary liqueur of Scotland made of Scotch and heather honey.

㉮ Anisette   ㉯ Sambuca

㉰ Drambuie   ㉱ Peter Heering

정답

1	2	3	4	5	6	7	8	9	10
㉮	㉰	㉮	㉮	㉯	㉯	㉮	㉰	㉱	㉮

11	12	13	14	15	16	17			
㉮	㉯	㉰	㉮	㉱	㉮	㉰			

CHAPTER 02 술과 건강

1. 술이 인체에 미치는 영향

1) 술이 인체에 미치는 긍정적 영향

- 심장병 예방
- 협심증 완화
- 풍부한 영양분
- 소화 작용

2) 술이 인체에 미치는 부정적 영향

- 심장병
- 간 기능 저하
- 뇌 손상
- 각종질병 유발

2. 올바른 음주 습관

- 건강을 위한 적당한 음주 빈도
- 공복 시에는 알코올 흡수 속도가 빨라 간에 부담을 주므로 공복 시 음주는 피한다.
- 음주와 흡연은 유해 물질과 발암물질을 많이 포함하고 있어 인체에 저항력과 억제력을 감소시킨다.
- 음주 후 목욕은 포도당이 급격히 소모되어 체온이 떨어져 위험을 초래할 수 있다.
- 적당한 음주량을 지킨다.

부록

- 칵테일아티스트경영사 필기시험 문제 정리(2급)
- 칵테일아티스트경영사 2급 자격검정기준
- 칵테일 실습

칵테일아티스트경영사
필기시험 문제 정리(2급)

국가공인자격관리기관 사단법인
KAM 한국정보관리협회
THE KOREA ASSOCIATION OF INFORMATION MANAGEMENT

1. 음료학 개론

01 양조주가 아닌 술은?

① 맥주　　　② 적포도주

③ 소주　　　④ 청주

02 우리나라 주세법에 의한 술은 알코올분 몇 도 이상인가?

① 1도　　　② 3도

③ 5도　　　④ 10도

03 술을 제조방법에 따라 분류한 것으로 옳은 것은?

① 발효주, 증류주, 추출주

② 양조주, 칵테일, 여과주

③ 발효주, 칵테일, 에센스주

④ 양조주, 증류주, 혼성주

04 양조주에 대한 설명으로 옳지 못한 것은?

① 당질 원료 또는 당분 질 원료에 효모를 첨가하여 발효시켜 만든 술이다.

② 발효주에 열을 가하여 증류하여 만든다.

③ Amaretto, Drambuie, Cointreau 등은 양조주에 속한다.

④ 증류주 등에 초근, 목피, 향료, 과즙, 당분을 첨가하여 만든 술이다.

05 다음 중 병행복발효주인 것은?

① 와인　　　② 맥주

③ 사과주　　④ 청주

06 알코올분 도수의 정의로 옳은 것은?

① 섭씨 4도에서 원용량 100분 중에 포함되어 있는 알코올분의 용량

② 섭씨 15도에서 원용량 100분 중에 포함되어 있는 알코올분의 용량

③ 섭씨 4도에서 원용량 100분 중에 포함되어 있는 알코올분의 질량

④ 섭씨 20도에서 원용량 100분 중에 포함되어 있는 알코올분의 질량

07 음료 분류상 나머지 셋과 다른 하나는?

① 맥주

② 브랜디

③ 청주

④ 막걸리

08 다음 중 Soft drink에 해당하는 것은?

① 콜라

② 위스키

③ 와인

④ 맥주

09 다음 중 증류주는 어느 것인가?

① bourbon

② champagne

③ beer

④ wine

10 주 세법상 주류에 대한 설명으로 괄호 안에 알맞게 연결된 것을 고르시오.

> 알코올분 (가)도 이상의 음료를 말한다. 단, 약사법에 따른 의약품으로서 알코올분이 (나)도 미만인 것을 제외한다.

① 가-1%, 나-6%
② 가-2%, 나-4%
③ 가-1%, 나-3%
④ 가-2%, 나-5%

11 음료류와 주류에 대한 설명으로 틀린 것은?

① 탄산음료는 탄산가스 압이 $0.5kg/cm^3$ 인 것을 말한다.
② 맥주에서는 메탄올이 전혀 검출되어서는 안 된다.
③ 탁주는 전분질 원료와 굴을 주원료로 하여 술덧을 혼탁하게 제성한 것을 말한다.
④ 과일, 채소류 음료에는 보존료로 안식향산을 사용할 수 있다.

12 주류의 주정도수가 높은 것부터 낮은 순으로 나열된 것으로 옳은 것은?

① Vermouth 〉 Brandy 〉 Fortified Wine 〉 Kahlua
② Fortified Wine 〉 Vermouth 〉 Brandy 〉 Beer
③ Fortified Wine 〉 Brandy 〉 Beer 〉 Kahlua
④ Brandy 〉 Galliano 〉 Fortified Wine 〉 Beer

13 샴페인에 관한 설명 중 틀린 것은?

① 샴페인은 발포성(Sparking)와인의 일종이다.
② 샴페인 원료는 삐노 누아, 삐노 뫼니에, 샤르도네이다.
③ 돔 페리뇽(Dom Peringon)에 의해 만들어졌다.
④ 샴페인 산지인 샹파뉴 지방은 이탈리아 북부에 위치하고 있다.

2. 주류학 개론

01 Ale은 어느 종류에 속하는가?

① 와인   ② 럼
③ 리큐어   ④ 맥주

02 맥주 제조과정에서 비살균 상태로 저장되는 맥주는?

① Black Beer   ② Lager Beer
③ Porter Beer   ④ Draft Beer

03 맥주의 저장 시 숙성기간 동안 단백질은 어떤 것과 결합하여 침전하는가?

① 맥아   ② 세균
③ 탄닌   ④ 효모

04 맥주의 원료 중 hop의 역할이 아닌 것은?

① 맥주 특유의 상큼한 쓴맛과 향을 낸다.
② 알코올의 농도를 증가시킨다.
③ 맥아즙의 단백질을 제거한다.
④ 잡균을 제거하여 보존성을 증가시킨다.

05 곡류를 원료로 만드는 술 제조시 당화과정에
필요한 것은?

① Ethyl alcohol ② CO$_2$

③ Yeast ④ Diastase

06 키안티(Chianti)는 어느 나라 포도주인가?

① 프랑스 ② 이태리

③ 미국 ④ 독일

07 주정 강화주(Fortified)에 속하는 음료는?

① 위스키(Whisky)

② 셰리와인(Sherry Wine)

③ 브랜디(Brandy)

④ 데킬라(Tequila)

08 Still Wine을 바르게 설명한 것은?

① 발포성 와인

② 식사 전 와인

③ 비발포성 와인

④ 식사 후 와인

09 포트와인(Port Wine)을 옳게 표현한 것은?

① 항구에서 막노동을 하는 선원들이 즐
겨 찾는 적포도주이다.

② 적포도주의 총칭이다.

③ 스페인에서 생산되는 식탁용 드라이
(Dry) 포도주이다.

④ 포르투갈에서 생산되는 감미(Sweet)
포도주이다.

10 드라이 와인(Dry wine)이 당분이 거의 남아있
지 않은 상태가 되는 주된 이유는?

① 발효 중에 생성되는 호박산, 젖산 등
의 산 성분 때문이다.

② 포도속의 천연 포도당을 거의 완전
발효시키기 때문이다.

③ 페노릭 성분의 함량이 많기 때문이다.

④ 가당 공정을 거치기 때문이다.

11 화이트 포도품종인 샤르도네만을 사용하여
만드는 샴페인은?

① Bland de Noirs

② Blanc de blancs

③ Asti Spumaante

④ Beaujolais

12 프랑스에서 스파클링 와인의 명칭은?

① Vin Mousseux

② Sekt

③ Spumante

④ Perlwein

13 떼루아(Terroir)의 의미는?

① 포도재배에 있어서 영향을 미치는 자
연적인 환경요소

② 영양분이 풍부한 땅

③ 와인을 저장할 때 영향을 미치는 온도,
습도, 시간의 변화

④ 물이 잘 빠지는 토양

14 포도품종에 대한 설명으로 잘못된 것은?

① Syrah : 최근 호주의 대표품종으로 자리 잡고 있으며, 호주에서는 Shirazs라고 부른다.

② Gamay : 주로 레드와인으로 사용되며, 과일향이 풍부한 와인이 된다.

③ Merlot : 보르도, 캘리포니아, 칠레 등에서 재배되며, 부드러운 맛이 난다.

④ Pinot Noir : 보졸레에서 이 품종으로 정상급 레드와인을 만들고 있으며, 보졸레 누보에 사용된다.

15 프랑스인들이 고지방 식이를 하고도 심장병에 덜 걸리는 현상인 프렌치 파라독스(French Paradox)의 원인물질로 알려진 것은?

① Red Wine - tannin, chlorophyll

② Red Wine - Resveratrol, polyphenols

③ White Wine - Vit.A, Vit.C

④ White Wine - folic acid, niacin

16 프랑스 부르고뉴지역의 주요 포도품종은?

① 샤르도네와 메를로

② 샤르도네와 삐노 누아

③ 슈냉블랑과 삐노 누아

④ 삐노 블랑과 까베르네 쇼비뇽

17 다음 중 발포성 포도주가 아닌 것은?

① Vin Mousseux

② Vin Rouge

③ Sekt

④ Spumante

18 와인제조 과정 중 말로락틱 발효란?

① 알콜발효　　② 1차발효

③ 젖산발효　　④ 탄산 발효

19 그라파(Grappa)에 대한 설명으로 옳은 것은?

① 포도주를 만들고 난 포도의 찌꺼기를 원료로 만든 술이다.

② 노르망디의 칼바도스에서 생산되는 사과브랜디이다.

③ 과일과 작은 열매를 증류해서 만든 증류수이다.

④ 북유럽 스칸디나비아 지방의 특산주이다.

20 White Wine을 차게 제공하는 주된 이유는?

① 탄닌의 맛이 강하게 느껴진다.

② 차가울수록 색이 하얗다.

③ 유산은 차가울 때 맛이 좋다.

④ 차가울 때 더 Fruity한 맛을 준다.

21 Whisky의 설명으로 틀린 것은?

① 생명의 물이란 의미를 가지고 있다.

② 보리, 밀, 옥수수 등의 곡류가 주원료이다.

③ 주정을 이용한 혼성주이다.

④ 원료 및 제법에 의하여 몰트위스키, 그레인위스키, 블랜디드 위스키로 분류한다.

22 일반적으로 Bourbon Whisky를 주조할 때 약 몇 %의 어떠한 곡물이 사용되는가?

① 50% 이상의 호밀

② 40% 이상의 감자

③ 50% 이상의 옥수수

④ 40% 이상의 보리

23 Malt Whisky를 바르게 설명한 것은?

① 대량의 양조주를 연속식으로 증류해서 만든 위스키이다.

② 단식증류기를 사용하여 2회의 증류과정을 거쳐 만든 위스키이다.

③ 이탄으로 건조한 맥아의 당액을 발효해서 증류한 스코틀랜드의 위스키이다.

④ 옥수수를 원료로 대맥의 맥아를 사용하여 당화시켜 개량 솥으로 증류한 위스키이다.

24 위스키(Whisky)의 유래가 된 어원은?

① Usque baaugh

② Aqua bitae

③ Eau-de-Vie

④ Voda

25 jack daniel's와 Bourbon Whisky의 차이점은?

① 옥수수의 사용여부

② 단풍나무 숯을 이용한 여과 과정의 유무

③ 내부를 불로 그을린 오크통에서 숙성시키는지의 여부

④ 미국에서 생산되는지의 여부

26 세계 4대 위스키산지가 아닌 것은?

① American Whisky

② Japanese Whisky

③ Scotch Whisky

④ Canadian Whisky

27 다음 중 버번위스키(Bourbon Whisky)는?

① Ballantine ② I.W.Harper

③ Lord Calvert ④ Old Bushmills

28 단식증류기의 일반적인 특징이 아닌 것은?

① 원료 고유의 향을 잘 얻을 수 있다.

② 고급증류주의 제조에 이용한다.

③ 적은 양을 빠른 시간에 증류하여 시간이 적게 걸린다.

④ 증류 시 알코올 도수를 80도 이하로 낮게 증류한다.

29 꼬냑(Cognac)은 무엇으로 만든 술인가?

① 보리 ② 옥수수

③ 포도 ④ 감자

30 다음 설명 중 잘못된 것은?

① 모든 꼬냑은 브랜디에 속한다.

② 모든 브랜디는 꼬냑에 속한다.

③ 꼬냑 지방에서 생산되는 브랜디만이 꼬냑이다.

④ 꼬냑은 포도를 주재료로 한 증류주의 일종이다.

31 오드비(Eau-de-Vie)와 관련 있는 것은?

① 데킬라　　　② 그라파
③ 진　　　　　④ 브랜디

32 브랜디의 제조순서로 옳은 것은?

① 양조작업-저장-혼합-증류-숙성-병입
② 양조작업-숙성-저장-혼합-증류-병입
③ 양조작업-증류-숙성-저장-혼합-병입
④ 양조작업-증류-저장-혼합-숙성-병입

33 Brandy와 Cognac의 구분에 대한 설명으로 옳은 것은?

① 재료의 성질이 다른 것이다.
② 같은 술의 종류이지만 생산지가 다르다.
③ 보관 연도별 구분한 것이다.
④ 내용물이 알코올 함량이 크게 차이가 난다.

34 진(Gin)에 대한 설명 중 잘못된 것은?

① 진의 원료는 대맥, 호밀, 옥수수 등 곡물을 주원료로 한다.
② 무색, 투명한 증류주이다.
③ 증류 후 1~2년간 저장(Age)한다.
④ 두송자(Juniper berry)를 사용하여 착향 시킨다.

35 두송자를 첨가하여 풍미를 나게 하는 술은?

① 진　　　　　② 럼
③ 보드카　　　④ 데킬라

36 다음은 어떤 증류주에 대한 설명인가?

곡류와 감자 등을 원료로 하여 당화시킨 후 발효하고 증류한다. 증류 액을 희석하여 자작나무 숯으로 만든 활성탄에 여과하여 정제하기 때문에 무색, 무취에 가까운 특성을 가진다.

① Gin　　　　② Vodka
③ Rum　　　　④ Tequila

37 곡류의 전분을 원료로 하지 않는 증류주는?

① 진　　　　　② 럼
③ 보드카　　　④ 위스키

38 다음 중 데킬라(Tequila)와 관계가 없는 것은?

① 용설란
② 풀케
③ 멕시코
④ 사탕수수

39 데킬라에 대한 설명으로 알맞게 연결된 것은?

최초의 원산지는 (가)로서 이 나라의 특산주이다. 원료는 백합과의 (나)인데 이 식물은 (다)이라는 전분과 비슷한 물질이 함유되어 있다.

① 가-멕시코, 나-풀케, 다-루플린
② 가-멕시코, 나-아가베, 다-이눌린
③ 가-스페인, 나-아가베, 다-루플린
④ 가-스페인, 나-풀케, 다-이눌린

40 아쿠아비트(Aquavit)에 대한 설명 중 틀린 것은?

① 감자를 당화시켜 연속 증류법으로 증류한다.
② 마실 때는 차게 하여 식후 주에 적합하다.
③ 맥주와 곁들여 마시기도 한다.
④ 진의 제조 방법과 비슷하다.

41 슬로우 진(Sloe Gin)의 설명 중 옳은 것은?

① 리큐어의 일종이며 진(Gin)의 종류이다.
② 보드카에 그레나딘 시럽을 첨사한 것이다.
③ 아주 천천히 분위기 있게 먹는 칵테일이다.
④ 오얏나무 열매 성분을 진에 첨가한 것이다.

42 오렌지를 주원료로 만든 술이 아닌 것은?

① Triple Sec
② Cointreau
③ Grand Marnier
④ Tequila

43 리큐어(Liqueur)의 제조법과 가장 거리가 먼 것은?

① 블렌딩법(Blenging)
② 침출법(Infusion)
③ 증류법(Distillation)
④ 에센스법(Essence process)

44 베네딕틴(Benedictine)의 Bottle에 적힌 D.O.M의 의미는?

① 완전한 사랑
② 최선 최대의 신에게
③ 쓴맛
④ 순록의 머리

45 다음 중 Bitters란?

① 박하냄새가 나는 녹색의 색소
② 야생체리로 착색한 무색투명한 술
③ 초콜릿 맛이 나는 시럽
④ 칵테일이나 기타 드링크 등에 사용하는 향미제용 술

46 증류법에 의해 만들어지는 달고 색이 없는 리큐어로 캐러웨이씨, 쿠민, 회향 등을 첨가하여 맛을 내는 것은?

① Kummel
② Arnaud de Villeneuve
③ Benedictine
④ Dom Perignon

47 다음 리큐어(Liqueur) 중 베일리스가 생산되는 곳은?

① 스코틀랜드
② 아일랜드
③ 잉글랜드
④ 뉴질랜드

48 다음에 해당되는 한국전통술은 무엇인가?

> 재료는 좁쌀, 수수, 누룩 등이고 술이 익으면 배꽃 향이 난다고 하여 이름이 붙여진 술로서 남북 장관급 회담 행사시 주로 사용되어지는 술이다.

① 문배주   ② 안동소주
③ 전주이강주   ④ 교동법주

49 다음 중 청주의 주재료는?

① 옥수수   ② 감자
③ 보리   ④ 쌀

50 우리나라 고유의 술로 리큐어(Liqueur)에 해당하는 것은?

① 삼해주   ② 안동소주
③ 인삼주   ④ 동동주

3. 칵테일 기초

01 다음에서 글라스(Glass) 가장자리 스노우 스타일(Snow Style)장식 칵테일로 어울리지 않는 것은?

① Kiss of Fire
② Margarite
③ Chicago
④ Grasshopper

02 위스키가 기주로 쓰이지 않은 칵테일은?

① 뉴욕   ② 롭 로이
③ 블랙러시안   ④ 맨하탄

03 진(Gin)이 베이스로 들어가는 칵테일이 아닌 것은?

① Gin Fizz   ② Screw Driver
③ Dry Martini   ④ Gibson

04 조주시 필요한 쉐이커(Shaker)의 3대 구성요소의 명칭이 아닌 것은?

① 믹싱   ② 보디
③ 스트레이너   ④ 캡

05 Martini에 가장 기본적인 장식 재료는?

① 체리   ② 올리브
③ 오렌지   ④ 자두

06 스팅거(Stinger)를 제공하는 유리잔(Glass)의 종류는?

① 하이볼 글라스
② 칵테일글라스
③ 올드 패션드 글라스
④ 사워 글라스

07 B&B를 주조할 때 어떤 글라스에 benedictine을 붓는가?

① Shaker   ② mixing glass
③ liqueur glass   ④ Decanter

08 시럽이나 비터(bitters) 등 칵테일에 소량 사용하는 재료의 양을 나타내는 단위로 한번 뿌려주는 양을 말하는 것은?

① toddy   ② double
③ dry   ④ dash

09 다음 중 칵테일을 만드는 기법이 아닌 것은?

① Blend   ② Shake

③ Float   ④ Sour

10 다음 중 vodka base cocktail은?

① kiss of fire

② paradise cocktail

③ million dollars

④ bronx cocktail

11 다음은 무엇에 관한 설명인가?

> When making a cocktail, this is the main ingredient into which other things are added.

① base   ② glass

③ straw   ④ decoration

12 칵테일의 기구와 용도를 잘못 설명한 것은?

① Mixing cup : 혼합하기 쉬운 재료를 섞을 때

② Standard shaker : 혼합하기 힘든 재료를 섞을 때

③ Squeezer : 술의 양을 계량할 때

④ Glass holder : 뜨거운 종류의 칵테일을 제공할 때

13 Gin & Tonic에 알맞은 글라스와 장식은?

① Collins Glass - Pineapple Slice

② Cocktail Glass - Olive

③ Cordial Glass - Orange Slice

④ Highball - Lemon Slice

14 아래에서 설명하는 설탕으로 맞는 것은?

> 빙당(氷糖)이라고도 부르는데 과실주 등에 사용되는 얼음모양으로 고결시킨 설탕이다.

① frost sugar

② granulated sugar

③ cube sugar

④ rock sugar

15 고객이 위스키 스트레이트를 주문하고, 얼음과 함께 콜라나 소다수 등을 원하는 경우 이를 제공하는 글라스는?

① Wine Decanter

② Collins Glass

③ Cocktail Decanter

④ Cocktail Glass

16 Irish Coffee의 재료가 아닌 것은?

① Irish whisky   ② Rum

③ hot coffee   ④ sugar

17 브랜디 글라스의 입구가 좁은 주된 이유는?

① 브랜디의 향미를 한곳에 모이게 하기 위하여

② 술의 출렁임을 방지하기 위하여

③ 글라스의 데커레이션을 위하여

④ 양손에 쥐기가 편리하도록 하기 위하여

18 Black Russian에 사용되는 글라스는?

① Cocktail glass

② Sherry wine glass

③ Hi-ball glass

④ Old fashioned glass

19 주로 생맥주를 제공할 때 사용하며 손잡이가
달린 글라스는?

① Mug glass

② Highball glass

③ Collins glass

④ Manhattan

20 Old fashioned 에 필요한 재료가 아닌 것은?

① whisky

② sugar

③ Angostura Bitter

④ Light Rum

21 칵테일 장식과 그 용도가 적합하지 않은 것
은?

① 체리 - 감미타입 칵테일

② 올리브 - 쌉쌀한 맛의 칵테일

③ 오렌지 - 오렌지주스를 사용한 롱 드
링크

④ 셀러리 - 달콤한 칵테일

22 데킬라 오렌지주스를 배합한 후 붉은 색 시럽
을 뿌려서 가라앉은 모양이 마치 일출의 장관
을 연출하게 하는 희망과 환의의 칵테일은?

① Stinger

② Tequila sunrise

③ Screw driver

④ Pink Lady

23 다음 중 알코올성 커피는?

① 카페로얄   ② 비엔나커피

③ 데미따세 커피   ④ 카페오레

24 Pilsner 잔에 대한 설명으로 옳은 것은?

① 브래디를 마실 때 사용한다.

② 맥주를 따르면 기포가 올라와 거품이
유지된다.

③ 와인 향을 즐기는데 가장 적합하다.

④ 역삼각형으로 발레리나를 연상하게
하는 모양이다.

25 글라스 리머의 용도는?

① 소금, 설탕을 글라스 가장자리에 묻
히는 기구이다.

② 술을 글라스에 따를 때 사용하는 기
구이다.

③ 와인을 차게 할 때 사용하는 기구이다.

④ 뜨거운 글라스를 넣을 수 있는 손잡
이가 달린 기구이다.

26 칵테일의 종류에 따른 설명으로 잘못된 것
은?

① Fizz : 진, 리큐어 등을 베이스로 하
여 설탕, 진 또는 레몬주스, 소다수
등을 사용한다.

② Collins : 술에 레몬이나 라임즙, 설탕을 넣고 소다수로 채운다.

③ Toddy : 뜨거운 물 또는 차가운 물에 설탕과 술을 넣어 만든 칵테일이다.

④ Julep : 레몬껍질이나 오렌지껍질을 넣은 칵테일이다.

27 다음 칵테일 중 샐러리가 장식으로 사용되는 칵테일은?

① Bloody Mary

② Grass Hopper

③ Hawaiian Cocktail

④ Chi Chi

28 다음 레시피(Recipe)의 칵테일 명으로 올바른 것은?

드라이 진 1 1/2 oz
라임주스 1oz
슈가(파우더) 1tsp

① Stinger Cocktail

② Dry Gin

③ Manhattan

④ Gimlet Cocktail

29 주 용어에서 패니어(pannier)란?

① 데커레이션용 과일껍질을 말한다.

② 엔젤스키스 등에서 사용하는 비중이 가벼운 성분을 "띄우는 것"을 뜻한다.

③ 레몬, 오렌지 등을 얇게 써는 것을 뜻한다.

④ 와인용 바구니를 말한다.

30 커피에 대한 설명으로 틀린 것은?

① 아라비카종의 원산지는 에티오피아이다.

② 초기에는 약용으로 사용하기도 했다.

③ 카페인이 중추신경을 자극하여 피로감을 없애준다.

④ 발효와 숙성과정을 통하여 만들어 진다.

31 와인을 오픈할 때 사용하는 기물로 적당한 것은?

① Cork screw ② White Napkin

③ Ice Tong ④ Wine Basket

32 바(bar) 기물이 아닌 것은?

① Stirer ② Shaker

③ Bar Table Cloth ④ Jigger

33 브랜디 글라스(Brandy Glass)에 대한 설명 중 틀린 것은?

① 튤립형의 글라스이다.

② 향이 잔속에서 휘감기는 특징이 있다.

③ 글라스를 예열하여 따뜻한 상태로 사용한다.

④ 브랜디는 글라스에 가득 채워 따른다.

34 칵테일글라스의 3대 명칭이 아닌 것은?

① 베이스(Base) ② 스템(Stem)

③ 보울(Bowl) ④ 캡(Cap)

35 다음 중 럼 base 칵테일이 맞는 것은?

① Kir　　　　② Blue hawaiian

③ Spritzer　　④ Mimosa

36 다음 중 old fashioned의 일반적인 장식용 재료는?

① 올리브　　　② 크림, 설탕

③ 레몬껍질　　④ 오렌지, 체리

37 시럽이나 비터(bitters)등 칵테일에 소량 사용하는 재료의 양을 나타내는 단위로 한번 뿌려주는 양을 말하는 것은?

① toddy　　　② double

③ dry　　　　④ dash

38 다음 중 칵테일을 만드는 기법이 아닌 것은?

① Blend　　　② Shake

③ Float　　　④ Sour

39 Floating method에 필요한 기물은?

① bar spoon　　② coaster

③ ice pail　　　④ shaker

40 다음 중 연결이 잘못된 것은?

① ice pick : 얼음을 잘게 부술 때 사용

② Squeezer : 과즙을 짤 때 사용

③ pourer : 주류를 따를 때 흘리지 않도록 하는 기구

④ ice tong : 얼음제조기

41 다음 중 vodka base cocktail은?

① paradise cocktail

② million dollars

③ bronx cocktail

④ kiss of fire

42 정찬코스에서 hors-d'oeuvre 또는 soup 대신에 마시는 우아하고 자양분이 많은 칵테일은?

① After Dinner Cocktail

② Before Dinner Cocktail

③ Club Cocktail

④ Night Cap Cocktail

43 주장에서 사용되는 얼음집게의 명칭은?

① ice pick　　　② ice pail

③ ice scooper　　④ ice tongs

44 칵테일의 기구와 용도를 잘못 설명한 것은?

① Mixing cup : 혼합하기 쉬운 재료를 섞을 때

② Standard shaker : 혼합하기 힘든 재료를 섞을 때

③ Squeezer : 술의 양을 계량할 때

④ Glass holder : 뜨거운 종류의 칵테일을 제공할 때

45 고객이 위스키 스트레이트를 주문하고, 얼음과 함께 콜라나 소다수 등을 원하는 경우 이를 제공하는 글라스는?

① Wine Decanter

② Cocktail Decanter

③ Collins Glass

④ Cocktail Glass

46 Muddler에 대한 설명으로 틀린 것은?

① 설탕이나 장식과일 등을 으깨거나 혼합하기에 편리하게 사용할 수 있는 긴 막대형의 장식품이다.

② 칵테일 장식에 체리나 올리브 등을 찔러 사용한다.

③ 롱 드링크를 마실 때는 휘젓는 용도로 사용한다.

④ Stirring rod라고도 한다.

47 Pousse cafe를 만드는 재료 중 가장 나중에 따르는 것은?

① Brandy

② Grenadine

③ Creme de menthe(white)

④ Creme de Cassis

48 grain whisky에 대한 설명으로 옳은 것은?

① silent spirit라고도 불리 운다.

② 발아시킨 보리를 원료로 해서 만든다.

③ 향이 강하다

④ Andrew Usher에 의해 개발되었다.

49 simple syrup을 만드는데 필요한 것은?

① lemon   ② butter

③ cinnamon   ④ sugar

50 다음 중 용량이 가장 작은 글라스는?

① Old fashioned glass

② Highball glass

③ Cocktail glass

④ shot glass

51 브랜디 글라스의 입구가 좁은 주된 이유는?

① 브랜디의 향미를 한곳에 모이게 하기 위하여

② 술의 출렁임을 방지하기 위하여

③ 글라스의 데커레이션을 위하여

④ 양손에 쥐기가 편리하도록 하기 위하여

52 칵테일을 만드는 방법으로 적합하지 않는 것은?

① on the rock잔에 술을 먼저 붓고 난 뒤 얼음을 넣는다.

② olive는 찬물에 헹구어 짠맛을 엷게 해서 사용한다.

③ mist를 만들 때는 분쇄얼음을 사용한다.

④ 찬술은 보통 찬 글라스를, 뜨거운 술은 뜨거운 글라스를 사용한다.

53 Black Russian에 사용되는 글라스는?

① Cocktail glass

② Old fashioned glass

③ Sherry wine glass

④ Hi-ball glass

54 다음 중 나머지 셋과 칵테일 만드는 기법이 다른 것은?

① Martini ② Grasshopper

③ Stinger ④ Zoom Cocktail

55 Old fashioned에 필요한 재료가 아닌 것은?

① whisky

② sugar

③ Angostura Bitter

④ Light Rum

56 Vodka Base Cocktail이 아닌 것은 ?

① 키스 오브 화이어(Kiss of Fire)

② 블러디 메리(Bloody Mary)

③ 애플 마티니(Apple Martini)

④ 준 벅(June Bug)

57 모스코 뮬 (Moscow Mule)의 틀린 재료는?

① Vodka ② Lime Juice

③ Cointreau ④ Gingerale

58 롱아일랜드 아이스티(Long Island Iced Tea) 의 기법으로 맞는 것은?

① Stir ② Build

③ Float ④ Shake

59 바카디(Bacardi)의 틀린 재료는?

① Sweet Vermouth

② Bacardi Rum White

③ Lime Juice

④ Grenadine Syrup

60 쿠바 리브레(Cuba Libre)의 기법으로 맞는 것은?

① Stir ② Build

③ Float ④ Shake

61 다이키리(Daiquiri)의 기법으로 맞는 것은?

① Stir ② Build

③ Float ④ Shake

62 마이타이(Mai-Tai)의 틀린 재료는?

① Light Rum

② Lime Juice

③ Pineapple Juice

④ Lemon Juice

63 블루 하와이안(Blue Hawaiian)의 기법으로 맞는 것은?

① Blending ② Build

③ Float ④ Shake

64 키스 오브 화이어(Kiss of Fire)의 장식으로 맞는 것은?

① Twist of Lemon Peel

② Rimming with Salt

③ Rimming with Sugar

④ A Wedge of Fresh Pineapple and Cherry

65 하비 월뱅어(Harvey Wallbanger)의 장식으로 맞는 것은?

① Twist of Lemon Peel

② 없음

③ Stuffed Green Olive

④ A Slice of Orange and Cherry

4. 칵테일 테크닉

01 비중이 가볍고 잘 섞이는 술이나 부재료를 믹싱글라스에 아이스큐브와 함께 넣어 바스푼을 사용하여 재빨리 잘 휘저어 조주하는 방법은?

① Stirring   ② Shaking

③ Blending   ④ Floating

02 목재 머들러(wood muddler)의 용도는?

① 레몬을 스퀴즈할 때 사용한다.

② 칵테일을 휘저을 때 사용한다.

③ 브랜디를 띄울 때 쓴다.

④ 스파이스나 향료를 으깰 때 사용한다.

03 바스푼(Bar Spoon)의 사용방법 중 맞는 것은?

① Garnish를 Setting할 때 사용하는 스푼이다.

② 칵테일을 만들 때 용량을 재는 도량 도구이다.

③ 휘젓기(Stir)를 할 때 가볍게 돌리면서 젓도록 하기 위하여 중간 부분이 나선형으로 되어 있다.

④ Glass에 얼음을 담글 때 사용하는 기구이다.

04 혼합하기 어려운 재료를 섞거나 프로즌 드링크를 만들 때 쓰는 기구 중 가장 적합한 것은?

① 쉐이커   ② 브랜더

③ 믹싱글라스   ④ 믹서

05 일반적으로 스테인리스 재질로 삼각형 컵이 등을 맞대고 있으며, 칵테일 조주시 술이나 주스, 부재료 등의 용량을 재는 기구는?

① 바스푼   ② 머들러

③ 스트레이너   ④ 지거

06 칵테일의 기본 기법이 아닌 것은?

① Building   ② Stirring

③ Floating   ④ Flair

07 바에서 사용하는 기구로 술병에 꽂아 소량으로 일정하게 나오게 하는 기구는 무엇인가?

① Pourer   ② Muddler

③ Corkscrew   ④ Squeezer

08 칵테일 조주시 재료의 비중을 이용해서 섞이지 않도록 하는 방법은?

① Stir 기법   ② Build 기법

③ Blend 기법   ④ Float 기법

09 칵테일을 만드는 기법 중 "stirring"에서 사용하는 도구와 거리가 먼 것은?

① Mixing glass   ② shaker

③ strainer   ④ bar spoon

10 다음 중 가장 강하게 흔들어서 조주해야 하는 칵테일은?

① Martini   ② Old fashion

③ Sidecar   ④ Eggnog

11 다음 중 주로 Tropical cocktail 주조할 때 사용하며 "두들겨 으깬다."라는 의미를 가지고 있는 얼음은?

① Shaved ice   ② Cubed ice

③ Cracked ice   ④ Crushed ice

12 Cocktail Shaker에 넣어 조주하기에 부적합한 재료는?

① 럼   ② 소다수

③ 우유   ④ 달걀흰자

13 백포도주를 서비스할 때 함께 제공하여야 할 기물은?

① Tong

② Bar Spoon

③ Wine cooler

④ Muddler

5. 주장관리론

01 식음료 서비스의 특성이 아닌 것은?

① 형체의 무형성

② 품질의 다양성

③ 제공과 사용의 분리성

④ 상품의 소멸성

02 식료와 음료를 원가관리 측면에서 비교 할 때 음료의 특성에 해당하지 않는 것은?

① 저장기간이 비교적 길다.

② 재고조사가 용이하다.

③ 공급자가 한정되어 있다.

④ 가격변화가 심하다.

03 바람직한 바텐더(Bartender) 직무가 아닌 것은?

① 바(bar)내에 필요한 물품재고를 항상 파악한다.

② 일일 판매할 주류가 적당한지 확인한다.

③ 바(bar)의 환경 및 기물 등의 청결을 유지, 관리한다.

④ 칵테일 조주시 지거(Jigger)를 사용하지 않는다.

04 바에서 사용하는 하우스 브랜드(House Brand)의 의미는?

① 널리 알려진 술의 종류

② 지정 주문이 아닐 때 쓰는 술의 종류

③ 상품에 해당하는 술의 종류

④ 조리용으로 사용하는 술의 종류

05 바텐더가 Bar에서 Glass를 사용할 때 가장 먼저 체크하여야 할 사항은?

① Glass의 가장자리 파손여부

② Glass의 청결 여부

③ Glass의 재고 여부

④ Glass의 온도 여부

06 바텐더가 영업시작 전 준비하는 업무가 아닌 것은?

① 충분한 얼음을 준비한다.

② 글라스의 청결도를 점검한다.

③ 레드와인을 냉각시켜 놓는다.

④ 전처리가 필요한 과일 등을 준비해 둔다.

07 영업 종료 후 인벤토리(inventory) 작업은 누가 담당 하는가?

① 칵테일 웨이트리스

② 바 캐시어

③ 바텐더

④ 바포터

08 포도주를 저장 관리할 때 올바른 방법은 ?

① 병을 똑바로 세워둔다.

② 병을 거꾸로 세워 놓는다.

③ 병을 옆으로 눕혀 놓는다.

④ 병을 똑바로 매달아 놓는다.

09 Par Stock은 무엇을 의미하는가?

① 식음료 재료저장

② 식음료 예비저장

③ 영업 후 남아 보관하여야 할 상품

④ 영업에 필요한 적정재고량

10 다음 빈칸에 들어갈 알맞은 것은 무엇인가?

Dry gin merely signifies that the gin lacks (   ).

① sweetness
② sourness
③ bitterness
④ hotness

11 다음 빈칸에 들어갈 알맞은 것은 무엇인가?

Bring us another (   ) of beer, please.

① around
② glass
③ circle
④ serve

12 다음은 어떤 혼성주에 대한 설명인가?

The great proprietary liqueur of Scotland made of Scotch and heather honey.

① Anisette
② Sambuca
③ Drambuie
④ Peter Heering

1. 음료학 개론

정답

1	2	3	4	5	6	7	8	9	10
③	①	④	③	④	②	②	①	①	①
11	12	13							
②	④	④							

2. 주류학 개론

정답

1	2	3	4	5	6	7	8	9	10
④	④	③	②	④	②	②	③	④	②
11	12	13	14	15	16	17	18	19	20
②	①	①	④	②	②	②	③	①	④
21	22	23	24	25	26	27	28	29	30
③	③	③	①	②	②	②	③	③	②
31	32	33	34	35	36	37	38	39	40
④	④	②	③	①	②	②	④	②	②
41	42	43	44	45	46	47	48	49	50
④	④	①	②	④	①	②	①	④	③

3. 칵테일 기초

정답

1	2	3	4	5	6	7	8	9	10
④	③	②	①	②	②	③	④	④	①
11	12	13	14	15	16	17	18	19	20
①	③	④	④	③	②	①	④	①	④
21	22	23	24	25	26	27	28	29	30
④	②	①	②	①	④	①	④	④	④
31	32	33	34	35	36	37	38	39	40
①	③	④	④	②	④	④	④	①	④
41	42	43	44	45	46	47	48	49	50
④	②	④	③	②	②	①	①	④	④
51	52	53	54	55	56	57	58	59	60
①	①	②	①	④	④	③	②	①	②
61	62	63	64	65					
④	④	①	③	②					

4. 칵테일 테크닉

정답

1	2	3	4	5	6	7	8	9	10
①	④	③	②	④	④	①	④	②	④
11	12	13							
④	②	④							

5. 주장관리론

정답

1	2	3	4	5	6	7	8	9	10
③	④	④	②	①	③	③	③	④	①
11	12								
②	③								

칵테일아티스트경영사
2급 자격검정기준

국가공인자격관리기관 사단법인
KAM 한국정보관리협회
THE KOREA ASSOCIATION OF INFORMATION MANAGEMENT

칵테일아티스트경영사 2급 자격검정기준

1. 등급 및 기준

자격명	급수	검정기준
칵테일 아티스트 경영사	2급	일반인으로서 주류, 비주류 등 음료 전반에 대한 이론과 재료 및 제법의 기능을 가지고 있으며 음료를 조주하고, 주장관리와 고객서비스, 경영관리 등을 수행할 기초운영관리자로서의 능력을 갖춘 수준

2. 검정과목 · 제한시간 및 출제기준

검정과목은 「칵테일아티스트경영사」라 칭하고, 과목별 출제기준은 다음과 같다.

자격명	급수	과목	세부과목	문제수	유형	시간
칵테일 아티스트 경영사	2급	필기	음료학 개론 주류학 개론 칵테일 기초 칵테일 테크닉 주장 관리론	7 25 15 7 6	객관식 (4지선다)	60분
			합계	60	–	60분
		실기	기본사항 (서비스) 평가	2	준비	2분
			글라스	3		
			기법과 기구	3	시연	10분
			주재료 정확도	3		
			부재료 정확도	3	정리	3분
			기법에 맞는 혼합법	3		
			장식 유무	3		
			완성도	9		
			위생 & 서비스	3		
			합계			총 15분

3. 등급에 대한 판정

자격명	급수	과목			총점	합격점수	비고
칵테일 아티스트 경영사	2급	필기		음료학 개론	7점	총점 60점 이상	(필기와 실기 모두 합격하여야 함)
				주류학 개론	50점		
				칵테일 기초	30점		
				칵테일 테크닉	7점		
				주장 관리론	6점		
			합계		100점		
		실기	칵테일 메이킹	기본사항 (서비스) 평가	10	총점 60점 이상	
				글라스	9		
				기법과 기구	9		
				주재료 정확도	9		
				부재료 정확도	9		
				기법에 맞는 혼합법	9		
				장식 유무	3		
				완성도	27		
				위생 & 서비스	15		
			합계		100점		

※ 실기시험 실격처리 기준

(1) 오작
  - 3가지 과제 중 2가지 이상의 주재료(주류) 선택이 잘못된 경우
  - 3가지 과제 중 2가지 이상의 조주법(기법) 선택이 잘못된 경우
  - 3가지 과제 중 2가지 이상의 글라스 선택이 잘못된 경우
  - 3가지 과제 중 2가지 이상의 장식 선택이 잘못된 경우
  - 1과제 내에 재료선택이 2가지 이상 잘못된 경우

(2) 미완성
  - 요구된 과제 3가지 중 1가지라도 제출하지 못한 경우

4. 채점기준

자격명 (등급)	영역별 세부 문항 출제기준			유형	문제수 (평가 항목)	배점
칵테일 아티스트 경영사 (2급)	필기	음료학	음료학 개론	객관식 (4지 선다)	7	7문×1점=7점
		주류학	주류학 개론		25	25문×2점=50점
		칵테일 기초	칵테일 기초		15	15문×2점=30점
		칵테일 테크닉	칵테일 테크닉		7	7문×1점=7점
		주장 관리론	주장 관리론		6	6문×1점=6점
	합계				60	100점
	실기	칵테일 메이킹	기본사항 (서비스) 평가	구술형 및 작업형	2	2문×5점=10점
			글라스		3	1문×3점=9점
			기법과 기구		3	1문×3점=9점
			주재료 정확도		3	1문×3점=9점
			부재료 정확도		3	1문×3점=9점
			기법에 맞는 혼합법		3	1문×3점=9점
			장식 유무		3	1문×1점=3점
			완성도		9	1문×3점=27점
			위생 & 서비스		3	3문×5점=15점
	합계				32	100점

※ 실기시험 실격처리 기준

(1) 글라스를 파손시키는 경우

(2) 지거의 양을 지나치게 넘치게 하는 경우

(3) 2잔 이상 만들지 못하는 경우

(4) 2개 이상 주재료가 틀렸을 경우

칵테일 실습

순번	테크닉	베이스	칵테일	순번	테크닉	베이스	칵테일
1	Stir	Gin	Dry Martini	11	Shake	Vodka	Apple Martini
2	Shake & Build	Gin	Singapore	12	Build	Vodka	Black Russian
3	Build	Gin	Negroni	13	Shake	Vodka	Kiss of Fire
4	Build & Float	Tequila	Tequila Sunrise	14	Shake	Vodka	Cosmopolitan
5	Shake	Tequila	Margarita	15	Build & Muddling	Rum	Mohito
6	Stir	Whisky	Manhattan	16	Shake	Rum	Daiquiri
7	Shake	Whisky	New York	17	Shake/ Blend	Rum	Blue Hawaiian
8	Build	Whisky	Rusty Nail	18	Shake	Liqueur	June Bug
9	Shake	Brandy	Brandy Alexander	19	Shake	Liqueur	Grasshopper
10	Shake	Brandy	Side Car	20	Float	Liqueur	Pousse Cafe

진 베이스

드라이 마티니 Dry Martini

재료 Ingredient

드라이 진(Dry Gin) 2oz

드라이 베르뭇(Dry Vermouth) 1/3oz

기법 Method

휘젓기(Stir)

글라스 Glass

칵테일 글라스(Cocktail Glass)

가니쉬 Garnish

그린 올리브(Green Oilve)

▶ 만드는 법

1. 칵테일 글라스에 큐브 아이스 2~3개를 넣고 잔을 차갑게 한다.

2. 믹싱글라스에 큐브 아이스 4~5개를 넣고 위의 재료를 순서대로 넣은 후 바 스푼
   을 이용하여 내용물을 3~4회 저어준다.

3. 칵테일 글라스에 있는 큐브 아이스를 비운 후 스트레이너를 이용하여 믹싱 글라
   스에 있는 칵테일의 얼음을 거르며 따라 준다.

4. 그린 올리브를 칵테일 픽에 꽂아 칵테일에 장식해준다.

싱가폴 슬링 Singapore Sling

재료 Ingredient

드라이 진(Dry Gin) 1 1/2oz

레몬 주스(Lemon Juice) 1/2oz

설탕(Powdered Sugar) 1tsp

클럽 소다(Club Soda) fill

체리 브랜디(Cherry Flavored Brandy) 1/2oz

기법 Method

흔들기(Shake) + 직접 넣기(Build)

글라스 Glass

필스너 글라스(Pilsner Glass)

가니쉬 Garnish

오렌지 슬라이스(Orange Slice), 체리(Cherry)

▶ 만드는 법

1. 필스너 글라스에 큐브 아이스 5~6개를 넣고 잔을 차갑게 한다.

2. 쉐이커에 큐브 아이스 4~5개를 넣고 위의 재료를 설탕까지 순서대로 넣은 후 스트레이너와 캡을 정확히 닫은 후 쉐이커를 약 7~10회정도 흔들어 준다.

3. 얼음이 담겨있는 필스너 글라스에 쉐이커 캡을 열고 스트레이너를 이용하여 칵테일의 얼음을 거르며 따라 준다.

4. 필스너 글라스의 나머지 부분은 글라스 7~8부까지 클럽 소다수를 채운 후 체리 브랜디를 그 위에 넣는다.

5. 슬라이스 오렌지 위에 체리를 꽂아 칵테일에 장식해 준다.

니그로니 Negroni

재료 Ingredient

드라이 진(Dry Gin) 3/4oz

스위트 베르뭇(Sweet Vermouth) 3/4oz

캄파리(Campari) 3/4oz

기법 Method

직접 넣기(Build)

글라스 Glass

올드 패션 글라스(Old-fashioned Glass)

가니쉬 Garnish

레몬(Twist of Lemon Peel)

▶ 만드는 법

1. 올드 패션 글라스에 큐브 아이스 3~4개를 넣는다.

2. 얼음이 넣어진 올드 패션 글라스에 위의 재료를 순서대로 넣은 후 바 스푼을 이용하여 내용물을 3~4회 저어준다.

3. 레몬필로 칵테일에 장식해 준다.

데킬라 베이스

데킬라썬라이즈 Tequila Sunrise

재료 Ingredient

데킬라(Tequila)　1oz

오렌지주스로 채운다(Fill with Orange Juice)

그레나딘 시럽(Grenadine Syrup)　1/2oz

기법 Method

직접넣기(Build) + 띄우기(Float)

글라스 Glass

필스너 글라스(Footed Pilsner Glass)

가니쉬 Garnish

없음

▶ 만드는 법

1. 하이볼 글라스에 큐브 아이스 4~5개를 넣는다.

2. 얼음이 담겨있는 하이볼 글라스에 데킬라를 넣고 글라스 7~8부까지 오렌지 주스로 채운다.

3. 만들어진 칵테일 위에 그레나딕 시럽을 띄운다.

마가리타 Margarita

재료 Ingredient

데킬라(Tequila) 1oz

트리플 섹(Triple Sec) 1oz

라임 주스(Lime Juice) 1oz

기법 Method

흔들기(Shake)

글라스 Glass

칵테일 글라스(Cocktail Glass)

가니쉬 Garnish

소금(Rimming with Salt)

▶ 만드는 법

1. 칵테일 글라스 테두리에 레몬즙을 바르고 소금을 묻힌다.

2. 쉐이커에 큐브 아이스 4~5개를 넣고 위의 재료를 순서대로 넣은 후 스트레이너
   와 캡을 정확히 닫은 후 쉐이커를 약 7~10회정도 흔들어 준다.

3. 칵테일 글라스에 쉐이커 캡을 열고 스트레이너를 이용하여 칵테일의 얼음을 거
   르며 따라준다.

위스키 베이스

맨하탄 Manhattan

재료 Ingredient

버번 위스키(Bourbon Whiskey) 1 1/2oz

스위트 버무스(Sweet Vermouth) 1oz

앙고스트라 비터(Angostura Bitters) 1dash

기법 Method

휘젓기(Stir)

글라스 Glass

칵테일 글라스(Cocktail Glass)

가니쉬 Garnish

체리(Cherry)

▶ 만드는 법

1. 칵테일 글라스에 큐브 아이스 2~3개를 넣고 잔을 차갑게 한다.

2. 믹싱글라스에 큐브 아이스 4~5개를 넣고 위의 재료를 순서대로 넣은 후 바 스푼을 이용하여 내용물을 3~4회 저어준다.

3. 칵테일 글라스에 있는 큐브 아이스를 비운 후 스트레이너를 이용하여 믹싱 글라스에 있는 칵테일의 얼음을 거르며 따라 준다.

4. 체리를 칵테일 픽에 꽂아 칵테일에 장식해준다.

뉴욕 New York

재료 Ingredient

버번 위스키(Bourbon Whiskey) 1 1/2oz

라임 주스(Lime Juice) 1/2oz

설탕(Powered Suger) 1tsp

그레나딘 시럽(Grenadine Syrup) 1/3oz

기법 Method

직접넣기(Build)

글라스 Glass

칵테일 글라스(Cocktail Glass)

가니쉬 Garnish

레몬껍질(Twist of Lemon peel)

▶ 만드는 법

1. 칵테일 글라스에 큐브 아이스 2~3개를 넣고 잔을 차갑게 한다.

2. 쉐이커에 큐브 아이스 4~5개를 넣고 위의 재료를 순서대로 넣은 후 스트레이너 와 캡을 정확히 닫은 후 쉐이커를 약 7~10회정도 흔들어 준다.

3. 칵테일 글라스에 있는 큐브 아이스를 비운 후 쉐이커에 캡을 열고 스트레이너를 이용하여 칵테일의 얼음을 거르며 따라준다.

4. 레몬필로 칵테일에 장식해 준다.

러스티 네일 Rusty Nail

재료 Ingredient

스카치 위스키(Scotch Whiskey) 1oz

드람브이(Drambuie) 1oz

기법 Method

직접넣기(Build)

글라스 Glass

올드 패션 글라스(Old-fashioned Glass)

가니쉬 Garnish

없음

▶ 만드는 법

1. 올드 패션 글라스에 큐브 아이스 3~4개를 넣는다.

2. 얼음이 넣어진 올드 패션 글라스에 위의 재료를 순서대로 넣은 후 바 스푼을 이
   용하여 내용물을 3~4회 저어준다.

브랜디 베이스

브랜디 알렉산더 Brandy Alexander

재료 Ingredient

브랜디(Brandy) 1oz

크렘 드 카카오 브라운(Creme De Cacao Brown) 1oz

우유(Light Milk) 1oz

기법 Method

흔들기(Shake)

글라스 Glass

칵테일 글라스(Cocktail Glass)

가니쉬 Garnish

넛맥 파우더(Nutmeg Powder)

▶ 만드는 법

1. 칵테일 글라스에 큐브 아이스 2~3개를 넣고 잔을 차갑게 한다.

2. 쉐이커에 큐브 아이스 4~5개를 넣고 위의 재료를 순서대로 넣은 후 스트레이너
   와 캡을 정확히 닫은 후 쉐이커를 약 7~10회정도 흔들어 준다.

3. 칵테일 글라스에 있는 큐브 아이스를 비운 후 쉐이커에 캡을 열고 스트레이너를
   이용하여 칵테일의 얼음을 거르며 따라준다.

4. 만들어진 칵테일 위에 넛맥 가루를 뿌려준다.

사이드 카 Side Car

재료 Ingredient

브랜디(Brandy)　1oz

꼬엥트로 또는 트리플 섹(Cointreau or Triple Sec)　1oz

레몬 주스(Lemon Juice)　1/2oz

기법 Method

흔들기(Shake)

글라스 Glass

칵테일 글라스(Cocktail Glass)

가니쉬 Garnish

없음

▶ 만드는 법

1. 칵테일 글라스에 큐브 아이스 2~3개를 넣고 잔을 차갑게 한다.

2. 쉐이커에 큐브 아이스 4~5개를 넣고 위의 재료를 순서대로 넣은 후 스트레이너
   와 캡을 정확히 닫은 후 쉐이커를 약 7~10회정도 흔들어 준다.

3. 칵테일 글라스에 있는 큐브 아이스를 비운 후 쉐이커에 캡을 열고 스트레이너를
   이용하여 칵테일의 얼음을 거르며 따라준다.

보드카 베이스

애플 마티니 Apple Martini

재료 Ingredient

보드카(Vodka)　1oz

애플 퍼커(Apple Pucker)　1oz

라임 주스(Lime Juice)　1/2oz

기법 Method

흔들기(Shake)

글라스 Glass

칵테일 글라스(Cocktail Glass)

가니쉬 Garnish

슬라이스 사과(A Slice Apple)

▶ 만드는 법

1. 칵테일 글라스에 큐브 아이스 2~3개를 넣고 잔을 차갑게 한다.

2. 쉐이커에 큐브 아이스 4~5개를 넣고 위의 재료를 순서대로 넣은 후 스트레이너
   와 캡을 정확히 닫은 후 쉐이커를 약 7~10회정도 흔들어 준다.

3. 칵테일 글라스에 있는 큐브 아이스를 비운 후 쉐이커에 캡을 열고 스트레이너를
   이용하여 칵테일의 얼음을 거르며 따라준다.

4. 슬라이스 사과를 칵테일에 장식해 준다.

블랙러시안 Black Russian

재료 Ingredient

보드카(Vodka) 1oz

커피 리큐르(Coffee Liqueur) 1oz

기법 Method

직접넣기(Build)

글라스 Glass

올드 패션 글라스(Old-fashioned Glass)

가니쉬 Garnish

없음

▶ 만드는 법

1. 올드패션 글라스에 큐브 아이스 3~4개를 넣는다.

2. 얼음이 넣어진 올드 패션 글라스에 위의 재료를 순서대로 넣은 후 바 스푼을 이용하여 내용물을 3~4회 저어준다.

키스 오브 파이어 Kiss of Fire

재료 Ingredient

보드카(Vodka) 1oz

슬로우진(Sloe Gin) 1/2oz

드라이 버무스(Dry Vermouth) 1/2oz

레몬 주스(Lemon Juice) 1/4oz

기법 Method

흔들기(Shake)

글라스 Glass

칵테일 글라스(Cocktail Glass)

가니쉬 Garnish

설탕(Rimming with Sugar)

▶ 만드는 법

1. 칵테일 글라스 테두리에 레몬즙을 바르고 설탕을 묻힌다.

2. 쉐이커에 큐브 아이스 4~5개를 넣고 위의 재료를 순서대로 넣은 후 스트레이너
   와 캡을 정확히 닫은 후 쉐이커를 약 7~10회정도 흔들어 준다.

3. 칵테일 글라스에 쉐이커 캡을 열고 스트레이너를 이용하여 칵테일의 얼음을 거
   르며 따라준다.

코스모 폴리탄 Cosmopolitan

재료 Ingredient

보드카(Vodka) 1oz

트리플 섹(Triple Sec) 1/2oz

라임 주스(Lime Juice) 1/2oz

크랜베리 주스(Cranberry Juice) 1oz

기법 Method

흔들기(Shake)

글라스 Glass

칵테일 글라스(Cocktail Glass)

가니쉬 Garnish

레몬 또는 라임(Twist of Lemon peel or Lime peel)

▶ 만드는 법

1. 칵테일 글라스에 큐브 아이스 2~3개를 넣고 잔을 차갑게 한다.

2. 쉐이커에 큐브 아이스 4~5개를 넣고 위의 재료를 순서대로 넣은 후 스트레이너
   와 캡을 정확히 닫은 후 쉐이커를 약 7~10회정도 흔들어 준다.

3. 칵테일 글라스에 있는 큐브 아이스를 비운 후 쉐이커에 캡을 열고 스트레이너를
   이용하여 칵테일의 얼음을 거르며 따라 준다.

4. 레몬(라임)필로 칵테일에 장식해 준다.

럼 베이스

모히또 Mohito

재료 Ingredient

라이트 럼(Light Rum) 1 1/2oz

민트(mint) 7~8ea

라임(Lime) 1/4 or 라임주스(Lime Juice) 1oz

설탕(Powdered Sugar) 3tsp

클럽 소다(Club Soda) fill

기법 Method

직접넣기(Build)+머들링(Muddling)

글라스 Glass

하이볼 글라스(Highball Glass)

가니쉬 Garnish

없음

▶ 만드는 법

1. 하이볼 글라스에 민트잎과 라임을 넣은 후 머들러를 이용하여 으깬 후 설탕을 넣는다.

2. 하이볼 글라스에 얼음과 럼을 넣은 후 소다수로 채운다.

3. 칵테일스푼으로 7~10회 정도 휘젓는다.

다이퀴리 Daiquiri

재료 Ingredient

라이트 럼(Light Rum) 1 1/2oz
라임 주스(Lime Juice) 1 1/2oz
설탕(Powdered Sugar) 1tsp

기법 Method

흔들기(Shake)

글라스 Glass

칵테일 글라스(Cocktail Glass)

가니쉬 Garnish

없음

▶ 만드는 법

1. 칵테일 글라스에 큐브 아이스 2~3개를 넣고 잔을 차갑게 한다.
2. 쉐이커에 큐브 아이스 4~5개를 넣고 위의 재료를 순서대로 넣은 후 스트레이너
   와 캡을 정확히 닫은 후 쉐이커를 약 7~10회정도 흔들어 준다.
3. 칵테일 글라스에 있는 큐브 아이스를 비운 후 쉐이커에 캡을 열고 스트레이너를
   이용하여 칵테일의 얼음을 거르며 따라 준다.

블루 하와이안 Blue Hawaiian

재료 Ingredient

라이트 럼(Light Rum)　1oz

블루 큐라소(Blue Curacao)　1oz

코코넛 플레이버드 럼(Coconut Flavored Rum)　1oz

파인애플 주스(Pineapple Juice)　2 1/2oz

기법 Method

흔들기 또는 블랜더(Shake or Blend)

글라스 Glass

필스너 글라스(Pilsner Glass)

가니쉬 Garnish

파인애플 & 체리(Pineapple & Cherry)

▶ 만드는 법

1. 필스너 글라스 또는 콜린스 글라스를 준비한다.

2. 위의 재료를 적당량의 크러시드 아이스와 함께 블랜더에 넣고 10초 정도 돌리거
   나, 쉐이커를 사용하여 7~10회 흔들어 준 후 글라스에 따라낸다.

3. 웨지 파인애플 위에 체리를 꽂아 칵테일에 장식해 준다.

리큐어 베이스

준 벅 June Bug

재료 Ingredient

멜론 리큐르(미도리)(Melon Liqueur(Midori)) 1oz

코코넛 플레이버드 럼(Coconut Flavored Rum) 1/2oz

바나나 리큐르(Banana Liqueur) 1/2oz

파인애플 주스(Pineapple Juice) 2oz

스위트 앤 사워 믹스(Sweet&Sour Mix) 2oz

기법 Method

흔들기(Shake)

글라스 Glass

콜린스 글라스(Collins Glass)

가니쉬 Garnish

웨지 파인애플과 체리(A Wedge of Pineapple and Cherry)

▶ 만드는 법

1. 칼린스 글라스에 큐브 아이스 5~6개를 넣고 잔을 차갑게 한다.

2. 쉐이커에 큐브 아이스 4~5개를 넣고 위의 재료를 순서대로 넣은 후 스트레이너
   와 캡을 정확히 닫은 후 쉐이커를 약 7~10회정도 흔들어 준다.

3. 얼음이 담겨있는 칼린스 글라스에 쉐이커의 캡을 열고 스트레이너를 이용하여
   칵테일의 얼음을 거르며 따라준다.

4. 웨지 파인애플 위에 체리를 꽂아 칵테일에 장식해 준다.

그래스 하퍼 Grasshopper

재료 Ingredient

크렘 드 민트 그린(Creme De Menthe(G)) 1oz

크렘 드 카카오 화이트(Creme De Cacao(W)) 1oz

우유(Light Milk) 1oz

기법 Method

흔들기(Shake)

글라스 Glass

샴페인 글라스 소서형(Champagne Glass(Saucer))

가니쉬 Garnish

없음

▶ 만드는 법

1. 소서형 샴페인 글라스에 큐브 아이스 2~3개를 넣고 잔을 차갑게 한다.

2. 쉐이커에 큐브 아이스 4~5개를 넣고 위의 재료를 순서대로 넣은 후 스트레이너
   와 캡을 정확히 닫은 후 쉐이커를 약 7~10회정도 흔들어 준다.

3. 소서형 샴페인 글라스에 있는 큐브 아이스를 비운 후 쉐이커에 캡을 열고 스트레
   이너를 이용하여 칵테일의 얼음을 거르며 따라준다.

푸스 카페 Pousse Cafe

재료 Ingredient

그레나딘 시럽(Grenadine Syrup) 1/3part

크렘 드 민트 그린(Creme De Menthe(G)) 1/3part

브랜디(Brandy) 1/3part

기법 Method

띄우기(Float)

글라스 Glass

리큐르 글라스(Stemed Liqueur Glass)

가니쉬 Garnish

없음

▶ 만드는 법

1. 리큐르 글라스를 준비한다.

2. 그레나딘 시럽은 지거를 이용하여 리큐르 글라스에 직접 넣어준다.

3. 글라스 안쪽 벽에 묻지 않게 조심해서 따른다.

4. 바 스푼 뒷부분을 이용해 위의 나머지 재료들을 순서대로 쌓아준다.

참고문헌

고치원 · 유윤종, 칵테일교실, 동신출판사(1999)

김　혁, 프랑스 와인기행, 세종서적(2000)

김상진, 음료서비스관리론, 백산출판사(1999)

김성혁 · 김진국, 와인학개론, 백산출판사(2002)

김준철, 와인 알고 마시면 두배로 즐겁다, 세종서적(2000)

김충호, 양주개론, 형설출판사(1977)

김호남, 양주와 칵테일, 도서출판 알파(1985)

다나카 요시미 · 요시다 쓰네미치, 싱글몰트 위스키, 랜덤하우스(2008)

두산그룹 기획실 홍보부, 황금빛 낭만, 동아출판사(1994)

마주앙, 와인이야기, 두산동아출판사(1998)

박영배, 호텔 · 외식산업 음료 · 주장관리, 백산출판사(2000)

박용균 · 우희명 · 조홍근 · 김정달, 롯데호텔 식음료직무교재, 명지출판사(1990)

배상면, 전통주제조기술, 국순당 부설 효소연구소(1995)

서상길, Beverage Service Manual, 호텔롯데월드 식음료부(1988)

성중용, 위스키 수첩, 우듬지(2010)

유성운, Single Malt Whisky Bible, 위즈덤스타일(2013)

[저자소개]

최병호
choibh1122@naver.com

- 세종대학교 대학원 호텔관광경영학 전공, 경영학박사
- 특1급 호텔 23년 근무(신라, 롯데)
- 대한민국 명장심사위원(식음료서비스부문)
- (현) 신한대학교 글로벌관광경영학과 교수(학과장)
  한국대학 식음료교육교수협회 회장
  (사)한국외식산업학회 부회장
  (사)한국호텔관광학회 이사
  글로벌식음료산업연구소 소장
  (사)한국정보관리협회 환대산업분야 필기 · 실기출제/심사전문위원

- 저서
  호텔경영의 이해
  음료서비스 실무 경영론
  호텔 · 외식 · 음료 경영 실무론
  최신 와인 소믈리에 이해
  호텔 · 외식 · 커피 바리스타 경영 실무
  식음료 경영 실무 등

- 논문
  호텔 식음료 업장의 고객관계 혜택의 중요도와 지각에 관한 연구
  와인 수입량의 결정요인 분석에 관한 연구
  호텔교육훈련 특성이 교육훈련 전이 성과에 미치는 영향 연구

이은주
eunjoo0809@naver.com

- 세종대학교 관광대학원 호텔경영학과 석사 졸업
- (前) 신한대학교 외래교수
- (현) 송곡대학교 외래교수
  메이필드호텔스쿨 외래교수
  (사)미래창조과학부 산하 한국정보관리협회 글로벌식음료산업연구소 이사
  (칵테일아티스트경영사, 사케소믈리에경영사, 와인소믈리에경영사, 커피바리스타경영사)
  커피바인 대표

- 저서
  와인소믈리에경영사의 이해

김정훈
tow7738@naver.com

- 세종대학교 관광대학원 호텔경영학과 석사 졸업
- 세종대학교 조리외식경영학과 박사 수료
- (前) 코레일관광개발 레일크루즈 해랑열차 승무원(Service Master)
- (현) 코레일관광개발 KTX 승무원(Service Master)
  한국호텔관광실용전문학교 호텔소믈리에&바리스타학과 외래교수
  송곡대학교 이랜드외식서비스과 외래교수
  장안대학교 항공관광과 외래교수
  (사)미래창조과학부 산하 한국정보관리협회 글로벌식음료산업연구소 이사
  (칵테일아티스트경영사, 사케소믈리에경영사, 와인소믈리에경영사, 커피바리스타경영사)
  (사)한국정보관리협회 환대산업분야 필기 · 실기 출제/심사 전문위원
  커피앤더시티 총괄이사

- 저서
  사케 소믈리에의 이해

신은주

shin755df@hanmail.net

- 세종대학교 관광대학원 호텔경영학과 석사 졸업
- 세종대학교 조리외식경영학과 박사 수료
- (현) 동서울대학교 호텔외식조리학과 교수
  송곡대학교 이랜드외식서비스과 겸임교수
  신한대학교 외식프랜차이즈경영학과 외래교수
  (사)미래창조과학부 산하 한국정보관리협회 글로벌식음료산업연구소 이사
  (칵테일아티스트경영사, 사케소믈리에경영사, 와인소믈리에경영사, 커피바리스타경영사)
  (사)한국정보관리협회 환대산업분야 필기 · 실기 출제/심사 전문위원

- 저서
  와인소믈리에경영사의 이해

칵테일아티스트경영사의 이해

2017년 3월 30일 초판 1쇄 발행
2024년 9월 20일 초판 7쇄 발행

지은이 최병호 · 이은주 · 김정훈 · 신은주
펴낸이 진욱상
펴낸곳 백산출판사   저자와의
교 정 편집부   합의하에
본문디자인 장진희   인지첩부
표지디자인 오정은   생략

등 록 1974년 1월 9일 제406-1974-000001호
주 소 경기도 파주시 회동길 370(백산빌딩 3층)
전 화 02-914-1621(代)
팩 스 031-955-9911
이메일 edit@ibaeksan.kr
홈페이지 www.ibaeksan.kr

ISBN 979-11-5763-359-3 93590
값 20,000원